수험생을 위한
영양 가득 아침밥상

한 그루의 나무가 모여 푸른 숲을 이루듯이
청림의 책들은 삶을 풍요롭게 합니다.

공부 체력을 보강하는
한 끼 집밥,

곰곰이 밥상

수험생을 위한
영양 가득 아침밥상

노영은 지음

청림Life

(Prologue)

왜 '곰곰이 밥상'이에요?

'곰곰이'가 무슨 뜻이에요?

많은 분들이 궁금해하며 물어봅니다.
곰곰이는 제 아들의 별명이에요.

어렸을 때부터 유난히 곰을 좋아해서
그 또래의 아이들이 자동차나 공룡에 빠져 있을 때도
아들은 곰만 좋아했어요.

동화책을 보면 유난히 곰이 많이 등장하잖아요.
곰이 굉장히 친근하게 느껴졌나 봐요.
곰 인형, 곰 잠옷, 곰 내복, 곰 양말….
곰이 들어간 물건을 사주면 그렇게 좋아하곤 했지요.
그래서 어느 순간부터 우리 부부는
아들에게 '곰곰이'라는 별명을 지어주었어요.

아이가 고3 수험생이 되었어요.
아침 한 끼만 집에서 먹는 아이를 위해서
아침밥을 준비하면서 SNS에 밥상일기를 쓰기 시작했어요.
재미삼아 '#곰곰이밥상'이라고 태그를 달았지요.
매일 기록하고 모아두면 나중에 좋은 추억이 될 것 같았어요.

어느 순간 많은 분들이 곰곰이 밥상을 좋아해주시고,
칭찬해주셔서 그 재미에 더 신나서
아침밥상을 열심히 차리며 1년을 보냈어요.

그리고 지금
이렇게 곰곰이 밥상을 책으로 출간하는
꿈같은 일이 저에게 생겼어요.

처음 출판 제의를 받았을 때는
많은 고민들로 선뜻 결정을 하지 못했어요.
그러다가 제가 경험했던 그 시간들을
앞으로 경험할 수험생 엄마들에게
조금이나마 도움이 되면 좋겠다는 생각이 들어서
저 나름 열심히 준비하여 책으로 엮어냈어요.

누군가에게 따뜻한 한 끼 집밥을 차려주고 싶을 때
제 책이 작은 도움이라도 되길 바랍니다.

언제나 제가 하는 일에 아낌없이 지원해주는 남편과
책을 준비하는 동안 같은 음식을 여러 번 먹어가며
나름의 냉정한 평가를 해준 아들 곰곰이를 비롯하여
오랫동안 저의 요리 선생님이었던 유리, 저의 인친님들,
그리고 곰곰이 밥상이 책으로 나왔으면 참 좋겠다고
응원해주었던 가족, 친구, 지인들 정말 감사합니다.

_곰곰이 엄마

Story 곰곰이를 위한 밥상을 차리기로 합니다

Story 1

안녕하세요 곰곰이 엄마입니다

Story 2

곰곰이 밥상의 노하우를 알려드립니다

Contents

Cooking 곰곰이 밥상 레시피를 소개합니다

Cooking 1

곰곰이 밥상에는 비밀이 있어요

Cooking 2

곰곰이 밥상을 만들어보아요

Story

곰곰이를 위한 밥상을
차리기로 합니다

Story 1

안녕하세요
곰곰이 엄마입니다

결혼 후
그저 평범하게만
살았던 날들

손으로 하는 건 뜨개질만 빼고 웬만한 건 다 잘했어요.
곰곰이가 유치원에 다닐 무렵에는 리본공예에 빠져 있었는데
자격증까지 딸 정도로 몰입해서 했어요.
자격증을 땄더니 문화센터 강의를 하는 등 일하라는 제의도 있었어요.
그런데 당시에는 아이도 어리고 해서 일은 하지 않았답니다.

사실 결혼 후에는 일을 해본 적이 없어요.
이유를 들려주려면 시어머니 이야기를 안 꺼낼 수가 없겠군요.

저희 어머님은 남편이 대학 때부터 집을 떠나서 자취하며
혼자 밥을 해먹고 다니는 것이 늘 안쓰러웠다고 합니다.
지금 생각해보면 말이 안 되는 것 같지만, 당시 결혼 허락의 첫 번째
조건이 '일하지 않을 것'이었답니다.
그렇다고 고지식하거나 꽉 막힌 분은 아니었어요.
오히려 그 반대였죠.
어떤 일이든 응원해주고 지지해주면서 언제나 제 편에 서주었으니까요.

이번에 책을 내게 되었다고 하니 어머님이 정말 기뻐하셨어요.
가문의 영광이라고 말이죠.

아무튼 결혼 후 저는 꾸준히 요리를 배웠고,
덕분에 아이와 남편에게 맛있는 음식을 많이 만들어주었답니다.

무엇이든 예쁘게

원래는 어릴 적 미술을 배우고 싶었어요.
그런데 큰언니가 미술을 하면서
'미술은 힘들고 돈도 많이 든다'라는 걸 알게 되었죠.
집안 사정으로 저는 하지 못했어요.
지나고 보니까 '그쪽으로 일을 했으면 참 잘했겠다.' 이런 생각도 들어요.

지금도 백화점 쇼윈도에 마네킹이 서있고
멋지게 디스플레이되어 있는 걸 보면 가슴이 뛰어요.
좀 더 예쁘게, 멋지게 만드는 일….
그런 일을 하면 얼마나 재미있을까 하는 생각을 하지요.

그래서인지 저는 요리 자체보다는 플레이팅이 재밌어요.

요리 안에서도 분야가 있는 것 같아요.
요리하는 것 자체를 좋아하는 사람이 있고,
다른 사람들에게 가르쳐주는 걸 좋아하는 사람도 있지요.
스스로 '요리' 중에서 어떤 것을 좋아하는지 떠올려보면 바로 이거예요.

요리를 예쁘게 꾸미는 것.

혼자 플레이팅 준비하면서
'이렇게 해봐야겠다' '이런 건 어떨까?' 구상하는 게 즐거워요.
무엇보다 머릿속에서 뱅글뱅글 돌기만 하던 생각이
딱 원하는 대로 요리로 나오면 진짜 희열이 느껴지거든요.
저 스스로도 만족스러워서 사진을 찍었는데
사진까지 잘 나오면 기분이 정말 좋지요.

인스타그램에서 곰곰이 밥상을 지켜보는 분들은 언제나
"곰곰이는 진짜 좋겠어요~"라고 해요.

사실은 제가 더 좋아요.
우리 집 남자들은 그냥 '그런 가보다' 합니다.(웃음)
별 반응이 없어요.
아보카도가 하트 모양으로 들어갔는지 알려주기 전까지는 모른답니다.

잔치 음식을 하듯 많은 양을 요리하는 건 저랑 맞지 않아요.
1년에 한 번, 온 가족이 모여 아버님 생신상을 준비하는데
그날이 저는 가장 긴장돼요.
다 모이면 13명인데, 대량으로 만드는 건 어렵더라고요.

어쩌면 이 곰곰이 밥상 같은 1인 밥상이
저에게 딱 맞는 요리인 것 같아요.

어떤 음식이든 예쁘게 만드는 건 자신 있고요.
그러니까 저는 요리를 하는 것보다 요리를 예쁘게 차리는 것에
더욱 재미를 느끼는 사람이랍니다.
그리고 좋아하고 잘하는 것을 꾸준히 해왔던 셈이지요.

그러고 보니 아주 힘들었던 아이의 사춘기 시절

곰곰이는 외동아이라서 뭐든지 처음이자 마지막이었어요.
아이가 여럿이면 첫째를 키워본 경험으로
둘째, 셋째는 좀 여유가 생긴다고 하더라고요.
어렸을 때부터 순하고 욕심 없고 착하기만 하던 아이라서
사춘기가 오기 전까지는 별로 힘든 줄도 모르고 키웠어요.
남들보다 좀 일찍 찾아온 사춘기에 저도 아이도 당황하며
사춘기의 특성이 그런 건지도 모른 채 저 자신을 자책하곤 했어요.
눈물로 보낸 날들이 참 많았어요.

아무것도 하고 싶지 않다며 하루 종일 빈둥대는 아이를 보며
뭘 어떻게 해야 할지 답답했지요.
'내가 아이를 잘못 키운 걸까?'
'우리 아이는 왜 이런 거지?'

하루하루 느리게 흐르던 날들이었습니다.

사실 곰곰이는 초등학교 5학년 때부터 사춘기가 시작되었어요.
생일이 빠르기 때문에 남들보다 빨리 왔는데 제가 잘 몰랐던 거죠.
아이가 무기력하게 누워만 있고,
아무것도 하기 싫다고 말하는 걸 보면서 답답했어요.
아이와 싸우고 울고 또 싸우고 울고….
그런 날들의 반복이었지요.

'이러다가 우울증이 올 수도 있겠다.' 싶더라고요.

아이에게 물었지요.
학원 안 다녀도 되니까 무엇이 하고 싶으냐고….
아이는 수학학원 하나만 다니고 다른 학원은 모두 안 가겠다고 하더군요.
특목고를 보낼 생각이었는데 '이럼 안 되는데' 싶었지만 어쩔 수 있나요.
아이는 결국 동네의 작은 수학학원만 다니고
나머지 시간은 방에서 빈둥거리며 보냈어요.

엄마의 욕심

곰곰이가 초등학생이 되었을 무렵 목동으로 이사를 왔어요.
처음에 남편은 반대를 했지요.
저는 공부에 좋은 환경에서 아이를 학교에 보내고 싶었어요.
그때는 그런 욕심이 있었던 것 같아요.
영어유치원에도 보내고 아이 교육에 꽤 신경을 쓰는 엄마였던 거죠.

그런 제가 목동에 오니 더욱 조바심이 생겼어요.
그때만 해도 아이는 순해서 제가 시키는 건 다 따라와주었거든요.
그야말로 '헬리콥터맘'이었죠.
매일 학원을 보내기 위해서 라이딩하고,
시간이 부족해서 차에서 주먹밥을 만들어 먹이고요.
아이가 순순히 잘 따라오니까 '나는 잘하고 있어!'라는 생각을 했죠.

그 시절을 떠올려보면 참 열심히 키웠던 것 같아요.
하지만 아이 입장에서 생각해보면 얼마나 갑갑했을까요.
'곰곰이가 많이 힘들었겠구나.' 생각이 들어요.

아이가 극심한 사춘기를 겪고 저 역시 마음을 비웠어요.
물론 저절로 그렇게 된 건 아니었습니다.

부모 교육의 도움을 받았어요.
너무 힘들어서 미칠 것 같을 때부터 듣기 시작하여
1년 6개월 동안 교육을 들었어요.
선생님께서 말씀하시면 펑펑 울곤 했죠.
제가 아이에게만 올인하고 있었다는 걸 깨달았어요.

곰곰이 엄마로서의 모습이 나의 전부였던 거죠.
그동안 '나'는 없이 '곰곰이 엄마'로만 살았던 거예요.

그랬던 제가 서서히 바뀌었습니다.

제가 변하자
아이도 변화했습니다

엄마가 변해야 아이도 변한다는 말, 너무 간단해 보이지만
그때는 참 어려웠어요.

중학교 입학을 앞둔 겨울쯤이었을까.
아이를 학교에 보내고 나면 저는 다시 잠들어 오후 1시까지 누워있었어요.
일어나면 멍하고 무기력했지요.
사춘기를 힘겹게 지낸 터라 아이 교육에 대한 열정도 없을 때였죠.

그때 마침 근처에 PT 숍이 생겼어요.
지금도 그렇지만 당시 회원권이 꽤 비쌌는데
남편이 운동을 권해서 끊었어요.
재미있는 건 그 선생님께 아직까지 운동을 배우고 있다는 거예요.

아무튼 안 하던 운동을 하니까 한 달 동안 몸이 여기저기 아프더라고요.
그럼에도 불구하고 선생님이 시키는 건 묵묵히 따랐어요.
“이거 하세요.” 하면 이거 하고, “하지 마세요.” 하면 안 하고요.

그렇게 몇 개월 지났을 때
선생님께서 바디프로필을 찍어보지 않겠냐고 권했습니다.
처음에는 연예인들이나 하는 거라고 생각하고 거절했어요.
그런데 여러 번 권유를 하시니 ‘그냥 한 번 해볼까?’
스멀스멀 생각이 바뀌더라고요.

3월에 운동을 시작했는데, 정말 열심히 해서
같은 해 8월 말 프로필 사진을 찍었어요.

막상 촬영 날짜를 정해 놓으니까 너무 바쁘더라고요.
아이뿐만 아니라 다른 건 아무것도 안 보이더군요.
하루에도 서너 번 운동하러 왔다갔다 했어요.
저녁에 드라마도 안 보고 복근운동을 했고요.

그렇게 완전 몰입해서 운동을 하니까
아이에게서 벗어날 수 있었어요.

전 지금도 운동하는 제 모습이 참 좋아요.

더 내려놓고 더 내려놓기

곰곰이가 외동으로 큰 게 가끔 아쉽긴 해요.
아이가 둘이었다면 사춘기 때 동생이랑 투닥거리면서라도 풀었을 텐데
그럴 대상이 없었잖아요.
사실 둘째도 낳고 싶었는데 잘 생기지 않더라고요.

이제는 제가 걱정이 별로 안 돼요.
늘 물가에 내놓은 애 같았는데, 아이는 오히려 스스로 잘 크는 중이었어요.
지금은 아이와 점점 관계가 좋아져요.
곰곰이가 말수가 없다고 생각했거든요.
근데 그게 아니었더라고요.
아이가 뭔가 말을 꺼내면 제가 잔소리를 했던 거였어요.
그러니 대화가 멈춰질 수밖에 없었지요.

요즘은 대화를 많이 해요.
"엄마 이번에 콘서트 가요." 하면 "그래 잘 다녀와~" 그러니까
거기서 대화가 이어져요.
어릴 때부터 그런 엄마였으면 아이와 더 많은 대화를 했을 텐데 말이죠.

언젠가 부모 교육 때 선생님이 그러셨어요.
아이는 학년이 올라가면서 자라는데 엄마들은 제자리라고,
엄마들도 아이의 눈높이에 맞춰서 공부를 해야 된다고….

엄마의 기대치를 조금 낮추면 되더라고요.
제가 지금도 아이에게 얘기해요.

"그때는 엄마도 엄마를 처음 하는 거라 욕심이 앞섰어. 미안해."

무뚝뚝한 아들 녀석,
고3이 되었습니다

중학교를 졸업하고 곰곰이가 고등학교에 진학하고 1, 2학년 때까지는
크게 신경 쓰지 않고 잘 지냈어요.
그런데 곰곰이가 막상 고3 수험생이 되고 보니 뭐라도 해주고 싶었어요.
좀 간절해지는 마음이 생기더라고요.

모임에서 만난 한 엄마는 아이를 위해서
매일 새벽기도를 다니기 시작했다고 하더군요.
저희 시어머님께서도 불교 신자여서 절에 열심히 다니셨어요.
본인이 보시기에 다른 고3 엄마들은
기도도 열심히 하고 봉사도 많이 하더라는 거예요.
'다른 엄마들은 뭔가를 열심히 하는구나.'라는 생각이 들더라고요.
그런데 저는 종교가 없어서 기도는 못하겠고,
아이에게 조금이라도 도움이 되는 것을 해주고 싶었어요.

'무엇을 해줄 수 있을까?'
그러다가 아침밥상을 좀 더 정성껏 차려보기로 결심했지요.

어머님께 절에는 가지 못했지만 아침밥은 정성들여 차렸노라
말씀드려야지 싶어 밥상 사진을 매일 찍어 놓았던 거예요.
나중에 들은 이야기이지만 시누이가
저의 인스타그램 곰곰이 밥상을 어머님께 보여드렸다고 해요.
보시고 매우 좋아하고 또 뿌듯해하셨다고 하더군요.

곰곰이는 아침에 유난히 입맛이 없는 아이예요.
그래서 나름 좋아하는 음식들 위주로 구성했어요.
무엇보다 영양을 첫 번째로는 생각하고 먹기에 편한 부드러운 음식들로 매일매일의 메뉴를 짰어요.
장을 보고, 재료를 다듬어 손질하고, 마지막으로 용기에 담아 다음날 아침밥상을 준비하는 것으로 하루를 마감했어요.
어찌 보면 하루하루 기도하는 마음으로 밥상을 차린 셈이에요.

아이가 고3이 지나면 성인이 되잖아요.
그 전에 유일하게 제가 해줄 수 있는 일이 아침밥 차리는 거라고 생각했지요.
그랬던 제 마음을 곰곰이가 알았을까요?

내 나이 마흔일곱,
인스타그램을 시작했습니다

밥상을 차리면서 저만의 기록으로 밥상 사진을 찍어두었어요.
먼 훗날 곰곰이에게 "엄마가 너를 위해서 이렇게 1년을 보냈어."
하고 싶은 마음도 있었어요.
사진을 찍어두니 차곡차곡 담아둘 공간이 있으면 좋겠다 싶더라고요.
그래서 밥상 사진을 인스타그램에 올리기 시작했답니다.

찾아보기 쉽도록 아이의 어릴 적 별명인 '곰곰이'와 '밥상'을 합쳐서
#곰곰이밥상 해시태그를 만들어서 말이죠.

매일 아침 한 시간 가량 요리를 하고 밥상을 차리고
음식이 식기 전에 사진을 찍고 아이에게 주었어요.
아이가 아침밥을 먹고 등교하면, 그제야 인스타그램에 올리고
저는 아침을 먹었습니다.

그런데 말이죠.

'고3 수험생 엄마'라는 타이틀만으로도 버거운 1년을
곰곰이 밥상 덕분에 즐겁게 보낼 수 있었어요.
매일매일 곰곰이 밥상을 차리다 보니 1년이 훌쩍 지나가 버린 셈이에요.

인스타그램에서 팔로우가 점점 늘고 댓글이 많이 달리고
'좋아요' 눌러주는 분들이 많아지니 그야말로 신났어요.
'내일 아침에는 뭐하지?' 생각했죠.
보는 사람이 많다고 생각하니까 좀 더 메뉴에도 신경을 쓰고
구성에 대한 고민도 했어요.
제 인스타그램을 구독하고 하트를 눌러주고, 응원 댓글 달아준 분들
덕분에 '고3 수험생 엄마' 시절을 잘 보낼 수 있었습니다.

앞으로의 곰곰이 밥상

언젠가 외국에서 유학을 하고 있는 곰곰이 또래 남자아이에게
다이렉트 메시지가 왔어요.
제 밥상을 볼 때마다 엄마 생각이 많이 난다고 하더라고요.
엄마의 집밥 생각이 나서 앞으로도 좋은 음식 사진
많이 올려달라고 부탁하더군요.
마음이 짠하더라고요.
엄마와 떨어져서 얼마나 그리울까.

간혹 이런 분들도 있어요.
자신도 고3 엄마인데 곰곰이 밥상 보면 반성하게 된다고….

지금까지 쭉 이야기를 풀어내었듯 곰곰이 밥상은
'고3 수험생 엄마'로서 저만의 최선이었어요.
곰곰이를 위해 시작했지만 자칫 힘들 수 있었던 수험생 엄마 시절을
잘 견디게 해준 것이었죠.

이제는 삶의 작은 재미가 되었어요.
어떤 때는 저 스스로 '쓰담쓰담' 해주고 그럽니다.(웃음)
이렇게 접목해볼까? 저렇게 해볼까?
찾아보고 고민해보는 시간이 즐거워요.

보기에는 너무 근사한데 먹으면 맛없는 그런 요리, 저는 싫어요.
곰곰이 밥상 사진을 보고 사람들이 "우와~" 하지만
제가 무엇보다 중요하게 생각하는 건 영양과 맛이에요.
그 다음이 플레이팅이고요.

한 끼 밥상에 제가 어떻게 음식을 조화롭게 만들었는지
이제 공개할 시간이네요.
저만의 깨알 레시피도 모두 알려드릴 테니 도움이 되길 바랍니다.

COLORFUL
NOTEBOOK
곰곰이 밥상

그럼 곰곰이 밥상 노하우를 살펴보러 갈까요?

Story 2

곰곰이 밥상의 노하우를 알려드립니다

한 끼의 영양식으로 구성했어요

수험생의 아침시간은 항상 빠듯하지요.
밤늦게까지 공부하느라 아이들은 아침에 매우 힘들어합니다.
그게 보통의 수험생들이에요.

그럼 엄마 마음은 어떤가요.
조금이라도 더 좋은 것, 영양가 있는 것을
한 숟가락이라도 더 먹여서 등교시키고 싶지요.
그래서 더 맛있게 보이려고
곰곰이 밥상은 플레이팅에 신경을 많이 썼어요.
되도록 고기, 해산물, 채소를 골고루 먹이려고 했고요.
물론 곰곰이가 좋아하는 것 위주로 구성했지만
별로 좋아하지 않는 재료도 슬쩍 섞어서 먹여보려고 했습니다.

재료 본연의 맛을 살리고자 과하지 않은 양념을 사용하고
베이스도 겹치지 않게 했어요.
가령 된장찌개를 끓였다면 나물은 된장무침보다는
고추장무침이나 간장무침으로 하는 식이죠.
된장, 고추장, 오일 베이스를 가급적 겹치지 않게 구성한 셈이에요.

아침에 먹으면 금이라는 사과 두 쪽은
언제나 빠지지 않는 메뉴였고요.

보기 좋은 밥이 먹기도 좋아요

저는 예쁘게 차려 먹는 게 좋아요.
그런데 곰곰이는 남자 아이라서 그런지
예쁘게 차려놓아도 별로 관심이 없어요.
그냥 맛있기만 하면 되나 봅니다.

많은 분들이 이런 밥상을 받으면 곰곰이가 너무 행복할 것 같다고 하지만
언제나 덤덤하게 받아요.
처음 트레이를 받았을 때 몇 번 '우아!' 했던 게 전부였죠.

플레이팅은 제가 좋아하고 관심 있는 분야다 보니
많은 시간을 할애하는 편이었어요.
같은 음식이라도 담은 모양이나 사용하는 그릇,
혹은 그릇 색깔에 따라 많이 달라지니까요.

머릿속에서 뱅글뱅글 떠오르는 아이디어를
한 끼의 밥상으로 딱 차려냈을 때의
그 기쁨과 희열이 참 대단하답니다.

트레이에 오밀조밀 예쁘게 담았어요

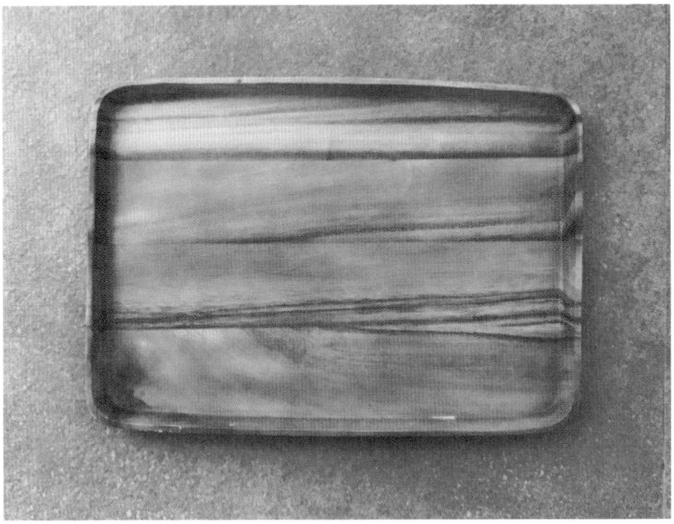

트레이에 1인 밥상을 차리면 깔끔하고 대접받는 느낌이 듭니다.
하지만 저는 단순히 그 이유만으로 트레이에 담았던 건 아니에요.
저희 집 주방 구조상 싱크대와 식탁 사이에는 가벽이 세워져 있어요.
주방에서 요리해서 식탁으로 나갈 때 하나씩 옮기기가 번거롭더라고요.
그러면서 하나의 트레이에 아예 한상으로 차린 뒤 식탁으로 나르면
더 편하겠구나 싶더군요.

그래서 쓰기 시작했어요.

곰곰이 밥상을 차리면서 많이 받는 질문 중 하나가
제가 쓰는 트레이에 대한 것이에요.
주로 사용하는 사각 트레이는 남편이 태국 출장 다녀오면서
사다준 거예요.
나무 소품을 좋아하는 저를 위해서
매장까지 일부러 찾아가 하나하나 사진을 찍어서
보내주었지요.
마음에 드는 것을 사진에서 골라 사오게 된 트레이라서
더욱 애착이 가요.

거의 매일 장을 봤어요

곰곰이는 샐러드를 참 좋아해요.
매일 먹어도 좋겠다고 말할 정도이지요.
샐러드는 아무래도 신선한 게 생명이잖아요?
그래서 매일 조금씩 장을 보았어요.

음식에서 재료가 주는 힘이 반이라고 생각해요.
신선한 재료로 만든 음식은 과한 양념이 없어도 맛있지요.
재료 그대로의 맛을 잘 살리기 위해 제철 식재료도 많이 사용하려 했어요.

저는 고기와 해산물을 사는 단골 가게가 있어요.
단골이 되면 그날그날 좋은 것들을 솔직하게 추천해주십니다.
특별히 준비할 재료가 있으면 미리 예약도 가능해서 편리하지요.
때로는 주인아주머니께 해산물 맛있게 먹는 팁을 여쭤볼 수도 있어요.
특히 해산물 가게는 당일 올라오는 싱싱한 해산물들이 가득하기 때문에
어떠한 좋은 해물이 있느냐에 따라서 다음날 메뉴가 결정되기도 해요.

많은 분들이 장보는 노하우를 알려달라고 하였지만 대단한 건 없어요.
여러분 주변에 있는 가게를 둘러보며 재료가 싱싱하고 주인분도
친절하다면 단골이 되어 '단골의 혜택'을 누리시기 바랍니다.

아침 시간은 늘 바빠요

곰곰이 밥상을 보는 분들에게 또 많이 받는 질문이 있습니다.
바로 "도대체 몇 시에 일어나서 밥상을 차리시는 거예요?"입니다.

고3 수험생 곰곰이는 7시에 밥을 먹어야 해요.
그래서 트레이에 차린 밥상을 7시에 맞춰 식탁에 올려두지요.

사실 저는 아침잠이 많은 사람이랍니다.
6시 전에는 잘 일어나질 못해요.
6시에 일어나서 한 시간 안에 준비하기에는 시간이 부족하더라고요.
그래서 전날 밤에 다음날 메뉴를 포스트잇으로 붙여두고
재료를 손질하고 준비해서 통에 담아두었어요.
그리고 마지막으로 트레이를 꺼내서 그릇을 골라두었답니다.

'이 메뉴는 어떤 그릇에 담아야 잘 어울릴까?'
이렇게도 해보고 저렇게도 놓아보고 그릇장 앞에서
짧게는 5분, 어떤 때는 30분씩 그릇을 고를 때가 있었어요.
그런 저를 보고 남편이 말했지요.

"뭘 그렇게 고민해? 같은 그릇에 담으면 되겠는데···."

하지만 메뉴에 따라서 그릇을 고르는 일은
저에게 매우 큰 즐거움이었어요.
그 시간이 가장 재미있었지요.

STAUB
LA COCOTTE
STAUB
STAUB
LA COCOTTE
STAUB
LA COCOTTE
STAUB
LA COCOTTE
STAUB
LA COCOTTE
STAUB

Cooking

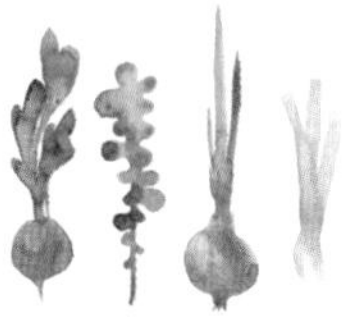

곰곰이 밥상 레시피를
소개합니다

Cooking 1

곰곰이 밥상에는 비밀이 있어요

1 CUP
¾
⅔
½ CUP
ml
METRIC
250
200
150
100
50
fl. oz
IMPERIAL
8
6
4
2

(계량의 비밀)

저도 요리책을 참 많이 사서 보는 편이에요.
레시피가 궁금해서라기보다 저는 예쁘게 플레이팅된
요리 사진 보는 것을 좋아하기 때문이에요.

요리책을 보면 계량컵이나 스푼, 혹은 종이컵 등을 이용해서
계량을 설명하곤 하는데
이 책에서도 기본적으로 다음과 같이 계량을 설명합니다.

1C(1컵) = 200cc
1T(1큰술) = 15cc
1t(1작은술) = 5cc

소스나 양념 레시피는 제시된 계량을 기본적으로 지켜주시고
일반적인 요리는 메인 재료의 양을 감안해서
계량의 비율을 맞추세요.

집집마다 선호하는 간이 다르고
또 집간장을 쓰더라도 그 맛이 다르고
'닭 한 마리'라고 하더라도 전체 그램 수는 달라서
전체적인 요리 흐름을 익히고 레시피 비율을 맞추시기 바랍니다.

STAUB

솥밥의 비밀

아주 오래 전에 계란찜을 하려고 사서 몇 번 쓰지 않고 두었던
스타우브 냄비(미니 무쇠솥)가 있었어요.
어느 날 보니 냄비가 아깝더라고요.
그러면서 이런 생각이 들었어요.

'솥밥을 한번 해볼까?'

요즘에는 밥 전용 냄비도 나오더라고요.
저는 이 무쇠솥으로 밥도 하고 찌개도 끓이는 등 만능으로 쓰고 있어요.
솥밥은 어려울 거라고 생각하는데, 두 가지 포인트만 생각한다면 어렵지 않아요.

쌀을 잘 불릴 것.
불 조절을 잘할 것.

1

2

Recipe

1. 쌀 1/2C을 씻어 30분 정도 불린 후 체에 밭쳐 물을 빼세요.
2. 냄비에 쌀과 동량의 물을 붓고 불에 올립니다.
3. 중불에서 끓이다가 부글부글 소리가 들리면 바로 약불로 줄여서 12분 정도 더 끓이세요.
4. 불을 끄고 5분 정도 뜸을 들입니다.

미니 무쇠솥(스타우브 베이비웍)의 경우 쌀은 1/2C에서 1C까지만 가능해요. 쌀이 1C일 때는 밥물이 부글부글 많이 끓어오르면 냄비 뚜껑을 잠시 열었다가, 밥물이 잦아들면 약불로 줄이고 뚜껑을 닫고 밥을 하면 돼요.

STAUB

다른 솥밥을 할 때

어떤 솥밥을 하느냐에 따라 조금씩 방법이 달라요.
익히는 데 시간이 필요한 재료는 일찍 넣고
그렇지 않은 재료는 뜸 들일 때 넣으면 돼요.
재료가 익는 속도를 생각해보면 좀 더 이해하기 쉬울 거예요.

해물 솥밥을 만들 때는 물과 쌀을 냄비에 넣고
중불에 끓이는 과정에서 부글부글 소리가 들리면 해물을 넣습니다.
명란톳밥일 때는 밥을 다 하고 뜸 들일 때 명란을 넣어요.
명란은 생으로도 먹을 수 있으니까요.

(계란찜의 비밀)

곰곰이는 계란말이보다는 계란찜을 더 좋아해요.
특히 체에 계란을 걸러서 만드는 보들보들한 계란찜을요.

아침에 먹기에도 부드러워서 국 대신에 자주 만들었답니다.
자주 만들다 보니 어느 인친님께서 '푸딩 계란찜'이라는 애칭도 붙여주셨어요.

계란찜 위에 올라가는 토핑은
주로 새우, 표고버섯, 은행 등 곰곰이가 좋아하는 재료예요.
계란을 먼저 찌고 토핑은 나중에 올리는데
올리는 타이밍은 토핑에 따라서 달라져요.

새우, 표고버섯, 은행과 같이 익혀야 하는 재료는
계란찜이 어느 정도 익으면 토핑으로 올려서 익을 때까지 살짝 더 쪄주어요.
보리새우나 명란 같이 그냥 먹을 수 있는 재료들은
계란찜을 완성한 후에 올려서 바로 먹는답니다.

Recipe

재료 : 계란 2개, 다시마육수 1C, 소금 1/4t, 새우, 표고버섯, 은행

1. 계란을 볼에 잘 풀어줍니다. 이때 미니 거품기로 풀면 더 잘 풀려요.
2. 다시마육수에 소금을 넣어 계란과 잘 섞어줍니다.
3. 체에 걸러요.
4. 뚜껑 있는 그릇에 담고 김 오른 찜기에 넣어 중불에서 7분 정도 찝니다. 뚜껑이 없는 그릇이면 쿠킹호일을 덮어도 돼요.
5. 뚜껑을 열어 계란물이 익었으면 새우, 표고, 은행, 샐러리잎 등 준비한 토핑 재료들을 올리고 약불로 5분 정도 더 쪄요.

1

2

3

4
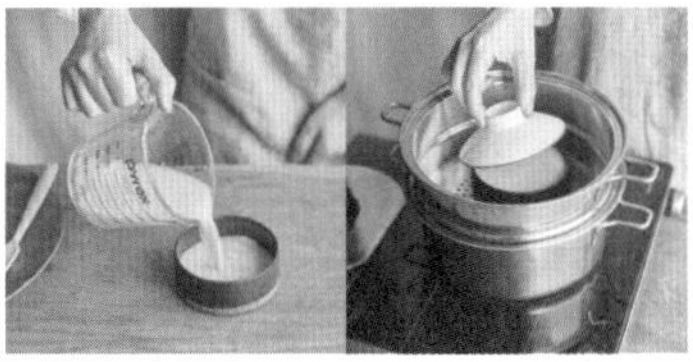

5

(데리야끼 소스의 비밀)

대부분의 아이들은 데리야끼 소스로 음식을 만들어주면 좋아해요.
곰곰이도 데리야끼 소스로 만들어주면 뭐든 잘 먹었답니다.
그래서 항상 소스를 만들어 냉장고에 준비해두었어요.
데리야끼 소스는 닭고기나 돼지고기 구이, 전복조림, 장어구이, 볶음우동까지
두루두루 사용하기 좋아요.

Recipe

재료 : 진간장 1C, 물 1C, 올리고당 1/2C, 설탕 1/2C, 청주 1/2C, 맛술 1/2C, 마른 홍고추 1개, 양파 1/2개, 레몬 1/4개, 마늘 3톨, 대파(흰 부분) 1뿌리, 생강 조금, 통후추 1t

1. 재료를 모두 냄비에 넣고 불에 올려주세요.
2. 끓으면 약불로 줄여 1시간 정도 뭉근하게 끓여줍니다.
3. 식히세요.
4. 다 식으면 체에 걸러서 유리병에 담아 보관합니다.

이렇게 만든 데리야끼 소스는 3개월 정도 냉장 보관해서 먹을 수 있어요.

1

2

4

(멸치육수의 비밀)

한 번 만들어두면 두고두고 쓸 수 있는 멸치육수입니다.
아주 간단하게 만들 수 있는 마법의 국물이지요.

Recipe

재료 : 국물용 멸치 30g, 찬물 1L

1. 국물용 멸치를 머리와 내장을 제거하고 마른 냄비에 넣어 약불에서 굽듯이 볶아요. 오븐에 구워도 돼요.
2. 그 냄비에 찬물을 부어 하루 동안 우립니다. 이렇게 우려내면 깔끔한 맛이 나고, 충분히 우려야 맛있어요.
3. 우린 육수는 체에 걸러 육수만 따로 담아둡니다.

시간이 없을 때는 약불에서 10분 정도 서서히 끓여서(팔팔 끓이면 안 돼요) 불을 끄고 잠시 두었다가 멸치는 건져내고 사용하세요.

이렇게 만든 멸치육수는 냉장고에서 1~2일 보관할 수 있고, 소분해서 냉동해두어도 괜찮아요.

1

2

(다시마육수의 비밀)

멸치육수와 마찬가지로 다시마육수도
한 번 만들어두면 마음이 든든합니다.
요리의 베이스가 되는 국물이기 때문에 떨어지지 않도록 끓여두면 좋아요.

Recipe

재료 : 다시마(7×7cm 정도 크기) 1장, 물 3C

1. 냄비에 다시마와 물을 넣고 1시간 정도 우립니다.
2. 그대로 약불에 올려서 끓이세요.
3. 물이 끓기 시작하면 다시마는 건지고 육수만 사용합니다.

이렇게 만든 다시마육수는 냉장고에서 3일 정도 보관 가능해요.
소분해서 냉동해두어도 괜찮아요.

1

2

(사과 두 조각의 비밀)

"매일 사과 한 개를 먹으면 의사를 만날 일이 없다."
이런 서양 속담 들어보셨나요?
사과는 우리 몸에 좋은 과일이에요.
특히나 아침 사과는 금이라고 하잖아요.

곰곰이 밥상에 매일 아침 사과 두 조각은 빠지지 않고 올립니다.
꾸준히 챙겨 먹이다 보니 이제는 습관이 되어서
사과가 없는 날이면 곰곰이가 먼저 찾아요.
인스타그램에서도 어쩌다 사과가 밥상에 빠지면
서운하다고 하시는 분들도 많아요.
저는 아침에 사과를 주고 다른 과일은 저녁에 준답니다.

매일 제가 곰곰이 밥상에 사과를 올리니까
사과는 어디서 사먹느냐는 질문을 종종 받아요.
사실 딱히 정해두고 사는 건 아니랍니다.
과일은 주로 장에서 사먹어요.
아파트마다 일주일에 한 번씩 열리는 장 있잖아요?
과일이 백화점 못지않은 품질이고, 가격은 좀 더 저렴하니
토요일마다 과일 사러 장에 가요.
이런 장에서 사면 직접 시식을 해볼 수도 있답니다.

과일을 워낙 좋아하는 저는 사과를 기본으로 담고
다른 제철 과일들은 그때그때 맞춰서 사오는 편이에요.

샐러드의 비밀

OLIO EXTRA VERGINE DI OLIVA
ITALIANO
GRAN CRU
Affiorato
Fruttato Leggero
GALANTINO
MASTRI OLEARI DAL 1926
GRAN DEPOSITO
ACETO BALSAMICO
DI
GIUSEPPE GIUSTI
MODENA
ACETO BALSAMICO DI MODENA
Le Paludier de Guérande
Fleur de Sel
Récoltée à la main

예전에 남편이 한참 유럽으로 출장을 다닌 적이 있었어요.
지중해와 가까이 있는 나라들은 소금과 올리브오일을
샐러드 드레싱으로 뿌려 먹는다고 하더군요.
그 이야기를 듣고서 그렇게 집에서 한번 먹어 보니 괜찮더라고요.

흔히 '샐러드'라고 하면 드레싱 맛으로 먹게 되잖아요.
그런데 소금과 올리브오일만 뿌려 먹다 보면
담백하고 깔끔한 샐러드맛에 길들여지게 됩니다.

그래서 저는 곰곰이 밥상 속 샐러드 역시 대체로 소금과 올리브오일만 뿌려주어요.
곰곰이도 그걸 제일 맛있다고 하고요.
대부분의 곰곰이 밥상 샐러드는 그렇게 만들었어요.

대신 소금과 올리브오일은 좋은 것을 사용해야 맛있어요.
샐러드용 올리브오일은 엑스트라버진인데,
올리브오일도 커피나 와인만큼 다양한 종류가 있어요.
저는 남편이 유럽출장 길에 올리브오일을 여러 개를 사와 시음하면서
비교해본 적이 있어요.
이후로 올리브오일을 직구로 주문해서 먹고 있지요.
소금은 요즘 워낙 많은 종류가 나오니까
각자의 취향에 맞게 선택하시면 될 거예요.

올리브오일과 소금

올리브오일과 소금만으로도 맛있는 샐러드를
즐길 수 있어요.

1

2

올리브오일과 발사믹식초

올리브오일과 발사믹식초를 섞어 드레싱을
만들면 더욱 상큼한 샐러드를 즐길 수 있어요.

1

2

3

4

Cooking 2

곰곰이 밥상을 만들어 보아요

(곰곰이 밥상 01)

아침엔 주로 말이를 자주 만들었어요.
하나씩 쏙쏙 집어 먹기 좋게 해줘야 한입이라도 더 먹고 갈 것 같은 마음에서였지요.
좋아하는 훈제연어에다가 파프리카, 아보카도, 양파를 넣고 돌돌 말아
양파소스를 만들어 연어말이 위에 살포시 올려주었어요.
케이퍼도 올려주면 더욱 좋아요.
좋아하는 새우 넣어 순두부도 끓이고, 표고버섯도 구워서
저의 사랑 가득 담아 아침밥상을 준비했어요.

Menu • 완두콩 솥밥 / 훈제연어 말이 / 맑은 순두부찌개 / 표고버섯구이 / 더덕무침 / 사과

Recipe • 훈제연어 말이

재료 : 훈제연어, 파프리카, 아보카도, 새순채소, 케이퍼, 아래 양파소스

1. 훈제연어를 한 장 펼친 후에 파프리카(노랑, 빨강), 아보카도를 넣고 돌돌 말아 주어요. 이때 훈제연어의 얇은 쪽부터 말기 시작해야 다 말고 난 뒤 모양이 예뻐요.
2. 양파소스를 올리고 케이퍼도 올려주세요.
3. 새순채소를 그릇 한쪽에 담아주면 더 예쁘겠죠?

양파소스 : 마요네즈 2T, 다진 양파 1T, 다진 피클 1/2T, 레몬즙 1t, 설탕 1t, 소금・후추 약간씩

양파는 찬물에 담가 매운 기운을 빼고 물기를 닦아서 다집니다.

맑은 순두부찌개

재료 : 멸치육수, 새우, 순두부, 소금, 집간장

1. 멸치육수를 끓입니다.
2. 새우 한 마리와 순두부 한 봉지를 넣어서 소금과 집간장으로 간을 맞춰요.
3. 대파와 홍고추를 고명으로 올려요.
4. 아침엔 빨간 순두부찌개보다는 주로 맑은 순두부찌개를 자주 끓여요.

(곰곰이 밥상 02)

곰곰이는 카레를 그다지 좋아하지 않아요.
하지만 강황은 몸에 좋잖아요.
그래서 다양한 방법으로 가끔씩 먹이려고 해보았죠.
이날은 해물 솥밥을 하고 남은 새우와 소고기 한 점 그리고 채소를 구워서
고형카레만 끓여 올려 담아봤어요.
평소와는 다른 카레 스타일을 보면서 레스토랑 요리 같다고
좋아하지 않던 카레를 다 먹고 등교하더라고요.
그런 곰곰이를 보며 참 뿌듯했던 아침입니다.

Menu • 밥 / 카레 / 샐러드 / 김치 / 사과

Recipe • 카레

재료 : 고형카레, 각종 채소, 소고기, 새우, 꿀

1. 냄비에 물 2C을 넣고 팔팔 끓인 후, 고형카레 50g을 넣고 계속 저어주며 약불에서 카레가 녹을 때까지 끓여요.
2. 카레가 잘 녹았다면 다시 불을 강불로 바꿔 카레 농도를 조금 더 되직하게 만들어줘요.
3. 꿀 1t를 넣고 섞어준 후 불을 꺼요.
4. 채소와 소고기, 새우는 팬에 구워줍니다.
5. 원형 그릇에 밥을 반만 담아요.
6. 묽게 끓인 카레를 반 담고, 그 경계선에 구운 채소와 고기를 올려요. 이때 지그재그로 올리면 더 재미있는 모양이 됩니다.
7. 밥 위에는 파슬리 가루로 밋밋하지 않게 포인트를 주었어요.

고형카레를 칼로 작게 썰어서 넣으면 덩어리 없이 더욱 잘 녹아요.

(곰곰이 밥상 03)

마늘을 좋아하는 곰곰이를 위해
갈릭소스를 만들어서 치킨스테이크를 만들어봤어요.
밥을 둥근 볼에 담아 엎고, 갈릭소스 스테이크를 담고,
가니쉬로 아스파라거스와 방울토마토를 살짝 구워서 곁들이면
더욱 맛있고 예쁜 플레이트가 완성됩니다.

Menu • 밥 / 치킨 스테이크 / 김치 / 오이고추무침 / 사과

Recipe • 치킨 스테이크

재료 : 닭다리살, 우유, 소금, 후추, 튀김가루, 아래 갈릭소스

1. 닭다리살을 우유에 30분 정도 재운 뒤 깨끗이 씻어 물기를 최대한 닦아 준비하세요.
2. 물기를 닦은 닭다리살에 소금과 후추로 간을 한 다음 튀김가루를 묻힙니다.
3. 오일을 넉넉하게 두른 팬에 앞뒤로 노릇하게 구워요. 이때 무쇠뚜껑이나 내열접시를 올려 구우면 더욱 바싹해져요.
4. 구운 닭다리살을 그릇에 담고 미리 준비한 갈릭소스를 곁들여줍니다.

갈릭소스

생크림 200mL, 우유 100mL, 버터 10g, 소금 1/4t, 마늘 100g, 양파 30g, 후추 조금

1. 슬라이스한 마늘과 채 썬 양파를 오일을 두른 팬에 약불로 노릇해질 때까지 볶아요.
2. 버터를 넣은 뒤 우유, 생크림을 넣어 약불에서 10분 정도 끓여요.
3. 불에서 내려 도깨비방망이로 갈아주고, 다시 불에 올려 원하는 농도만큼 졸여요.

오이고추무침

재료 : 오이고추, 아래 무침양념

1. 오이고추 2개를 1cm 정도 크기로 썰어요.
2. 무침양념에 먹기 직전에 무쳐요.

무침양념 : 된장 1T, 다진 마늘 1/2t, 올리고당 1t, 참기름 1/2t, 고춧가루 조금, 통깨 조금

(곰곰이 밥상 04)

곰곰이는 연어를 참 좋아해요.
연어 샐러드와 연어말이를 자주 해서 먹지만 이날은
연어를 올리브유에 담백하게 구운 연어 스테이크를 준비해보았어요.
솥밥을 할 때 강낭콩과 깐 밤을 올려 밥을 지어 영양을 더했어요.

Menu • 밤 콩 솥밥 / 연어 스테이크 / 홍합 미역국 / 버섯볶음 / 더덕무침 / 사과

Recipe • 연어 스테이크

재료 : 연어, 소금, 후추, 스테이크 시즈닝, 아스파라거스, 양파, 레몬

1. 연어를 소금, 후추, 스테이크 시즈닝을 뿌려 재워주세요.
2. 오븐에 구워도 되고 팬에다 오일을 살짝 두르고 구워도 돼요.
3. 아스파라거스와 링으로 썬 양파를 팬에 살짝 구워서 준비해주세요.
4. 레몬 슬라이스를 곁들여주세요. 레몬을 반만 칼집을 내어서 비틀어주면 볼륨감도 생기고 더 예뻐요.

버섯볶음

재료 : 표고버섯, 소금, 견과류

1. 버섯볶음을 할 때는 어떤 버섯이든 괜찮아요. 저는 표고버섯을 좋아해서 주로 표고버섯을 많이 써요.
2. 마른 팬에 표고버섯을 먼저 볶다가 오일을 넣고 계속 볶아주세요.
3. 소금으로 간을 하고 먹기 직전에 잣이나 좋아하는 견과류를 뿌려줍니다.

더덕무침

재료 : 더덕, 통깨, 참기름, 실파, 아래 무침양념

1. 더덕 100g을 채 썰어 준비해요.
2. 무침양념을 넣어 버무려주세요.
3. 먹기 직전에 통깨, 참기름, 실파를 쫑쫑 썰어 얹어내요.

무침양념 : 고추장 2T, 간장 1t, 고춧가루 1/2t, 마늘 1/2t, 올리고당 1t

(곰곰이 밥상 05)

수험생은 체력전이라는 말이 있죠.
몸에 좋다는 건 다 먹이고 싶은 것이 모든 수험생 엄마들의 마음일 거예요.
그래서 무얼 먹일지가 항상 고민이에요.
지치고 힘들 때 '힘이 나는 요리'라면 무엇이 떠오르나요?
저는 장어가 떠올라요.
이날은 데리야끼 소스를 만들어서 장어구이를 해봤어요.
밥을 따로 담지 않고 큰 그릇에 밥과 깻잎 채를 깔아 장어구이를 올리고,
곰곰이가 좋아하는 마늘칩을 만들어 곁들여주었어요.
장어 한 마리를 다 먹고 등교하는 곰곰이를 보니 더 뿌듯했던 아침밥상이었어요.

Menu • 밥 / 장어구이 / 감자멸치조림 / 오이무침 / 김자반 / 사과

Recipe • 장어구이

재료 : 장어, 깻잎, 마늘, 토마토

1. 장어를 깨끗이 손질해서 팬에 오일을 두르고 배 쪽부터 높지 않은 온도로 먼저 구워요.
2. 한쪽 면이 어느 정도 구워졌으면 뒤집어서 구워주세요.
3. 데리야끼 소스를 넣고 졸여줍니다. 이때 장어 한 마리당 데리야끼 소스 2~3T와 동량의 물을 넣어주세요. (데리야끼 소스 만드는 법 70쪽 참고)
4. 깻잎을 곱게 채 썰어 밑에 깔아주세요.
5. 마늘을 편으로 썰어 기름에 튀겨서 곁들여줍니다.

(곰곰이 밥상 06)

맛있는 솥밥 하나면 여러 가지 반찬이 필요가 없지요.
이날은 버터를 두르고 가리비 관자와 아스파라거스를 구워서
솥밥을 지었어요.
고소한 버터향이 나는 솥밥에 구수한 된장국과 소고기 장조림,
영양부추 양파 무침으로 영양가 있는 아침밥상을 준비했어요.

Menu
- 관자 아스파라거스 솥밥 / 우거지 된장국 / 소고기 장조림 / 김치 / 영양부추 양파 무침 / 사과

Recipe
- **관자 아스파라거스 솥밥**

재료 : 관자, 소금, 후추, 버터, 아스파라거스
1. 관자를 얇게 썰어서 소금과 후추를 살짝 뿌려주세요.
2. 버터를 조금 두른 팬에 관자를 구워요.
3. 아스파라거스는 필러로 질긴 껍질을 벗겨내고 한입 크기로 잘라 버터에 구워 준비해요.
4. 솥에 불린 쌀을 넣고 동량의 물을 부어 솥밥을 합니다.(솥밥 만드는 방법 63쪽 참고)
5. 솥밥의 뜸을 들일 때 구워놓은 관자와 아스파라거스를 예쁘게 담아요.

영양부추 양파 무침

재료 : 영양부추, 양파, 아래 무침양념
1. 영양부추는 다듬고 씻어주세요.
2. 영양부추는 5cm 길이로 썰고, 양파는 채 썰어 준비해요.
3. 무침양념에 살살 버무립니다.

무침양념
고춧가루 1T, 까나리액젓 1/2T, 식초 1t, 간장 1t, 설탕 1t, 다진 마늘 1/2t, 통깨 조금

(곰곰이 밥상 07)

전을 좋아하는 곰곰이를 위해서 새우전과 굴전을 준비했어요.
밤과 호랑이콩을 넣은 솥밥과 새콤달콤한 두부조림으로 단백질을 채웠고요.
두부는 저렴한 가격이지만 몸에 좋은 영양분이 가득 들어 있어
자주 사용하는 참 좋은 식재료인 것 같아요.
연근과 꽃당근으로 깨소스 무침을 만들고,
변함없이 사과 두 쪽으로 마무리한 밥상입니다.

Menu • 밤 콩 솥밥 / 두부조림 / 새우전과 굴전 / 깨소스 연근 무침 / 김치 / 사과

Recipe • 두부조림

재료 : 두부, 소금, 감자전분, 새순채소, 통깨, 아래 조림장

1. 두부 한 모를 크게 6등분해서 소금을 살짝 뿌리고 간수를 빼주세요.
2. 두부에 감자전분을 골고루 발라요.
3. 팬에 오일을 두른 후 약불로 두부를 양쪽 모두 구워서 접시에 옮겨둡니다.
4. 두부를 구웠던 팬에 조림장을 넣고 끓여주세요.
5. 끓기 시작하면 구워두었던 두부를 넣고 앞뒤로 돌려주며 조림장을 입혀요.
6. 접시에 두부를 담고 새순채소를 조금 올리고 통깨를 뿌려줘요.

조림장 : 간장 2T, 쯔유 1T, 다진 마늘 1t, 다진 양파 1t, 다진 파 1T, 고춧가루 1t, 물 3T, 설탕(또는 올리고당) 1t

깨소스 연근 무침

재료 : 연근, 식초, 당근, 아래 무침양념

1. 연근은 얇게 썰어요.
2. 식초를 넣고 끓인 물에 연근이 투명해질 때까지 데쳐요.
3. 데친 연근을 찬물에 헹궈 물기를 빼놓아요.
4. 당근은 얇고 둥글게 썰어요.
5. 연근과 당근은 무침양념에 버무려요.

무침양념 : 마요네즈 30g, 깨소금 2T, 간장 1/2t, 설탕 1/2t

(곰곰이 밥상 08)

곰곰이가 학창시절 마지막 소풍을 가는 날이었어요.
덕분에 늦잠 푹 자고 일어나서 먹는 아침이었어요.
준비하는 저도 여유 있고 좋았답니다.
이날은 김치찌개를 좀 더 색다르게 만들고 싶어서
김치 한 잎에 항정살을 하나씩 말아서 끓였어요.
항정살에 김치를 말았으니 얼마나 맛있을지 상상이 되나요?

Menu • 밥 / 항정살 김치말이 찌개 / 고등어구이 / 아보카도 샐러드 / 사과

Recipe • 항정살 김치말이 찌개

재료 : 묵은 김치, 항정살, 소금, 후추, 양파, 멸치육수, 두부, 대파, 홍고추

1. 묵은 김치 중에서 작은 포기를 꺼내어 작은 잎들로 준비하세요.
2. 항정살은 소금과 후추로 밑간을 해둡니다.
3. 묵은지 한 장을 깔고 밑간해둔 항정살을 하나 얹어서 돌돌 말아주세요.
4. 양파 1/2개를 굵게 채 썰어 냄비에 깔고 그 위에 돌돌 말은 묵은지를 올리고 멸치육수를 넣어 끓여요.
5. 다 끓인 뒤 마지막에 두부, 대파, 홍고추를 넣어요.

고등어구이

재료 : 고등어, 튀김가루(또는 부침가루), 초록채소, 레몬

1. 고등어를 잘 씻어 물기를 닦아요.
2. 튀김가루를 얇게 입혀 준비해둡니다.
3. 오일을 두른 팬에 구워요. 이때 한쪽 면이 충분히 익을 때까지 기다렸다가 가급적이면 한 번만 뒤집어주세요.
4. 접시에 그냥 생선만 담는 것보다 초록색의 채소 하나를 깔아 그 위에 고등어를 올리면 더 맛있어 보여요. 레몬 한 조각 잘라서 올려주면 더 맛있어 보이고요.

곰곰이 밥상 09

작은 오징어일수록 여리고 맛있어요.
그래서인지 저는 손바닥만한 작은 오징어를 발견하면 꼭 사오게 돼요.
쪄서도 먹고 볶아서도 먹지만 이날은 오징어 불고기를 만들었습니다.
매콤하게 양념한 오징어를 소금과 들기름에 살짝 무친 영양부추와 함께 내주었더니
맛과 비주얼 두 가지를 다 만족시켜준 것 같아요.
인스타그램에 사진을 올렸을 때 재미있는 댓글이 달렸던 메뉴이기도 해요.
"부추돗자리 깔고 누운 오징어."
어때요? 정말 재미있죠?

Menu • 밥 / 차돌박이 된장찌개 / 오징어 불고기 / 팽이버섯전 / 샐러드 / 사과

Recipe • 오징어 불고기

재료 : 오징어, 부추, 소금, 들기름, 아래 양념

1. 작은 오징어 한 마리를 통으로 껍질을 벗겨서 내장을 제거한 후 깨끗이 씻어요.
2. 오징어 몸통 양쪽에 칼집을 내어준 후 양념에 10분 정도 재워둡니다.
3. 재워둔 오징어를 팬에 넣고 뚜껑을 덮고 한쪽 면을 익히고 뒤집어 다른 쪽 면도 마저 익혀줘요.
4. 영양부추에 소금 한 꼬집, 들기름을 살짝 넣고 무친 다음 접시에 맞게 깔아주고 그 위에 오징어를 올려요.

양념 : 고추장 1T, 진간장 1/2T, 고춧가루 1t, 설탕 1t, 다진 마늘 1/2t

팽이버섯전

재료 : 팽이버섯, 당근, 양파, 쪽파, 계란

1. 팽이버섯과 당근, 양파, 쪽파를 다져요.
2. 계란 하나를 풀어 다져놓은 채소와 섞어요.
3. 팬에 오일을 두른 뒤 한 숟가락씩 펴서 부칩니다.

(곰곰이 밥상 10)

가끔은 색다르게 원 플레이트로 밥상을 차릴 때가 있어요.
같은 음식이라도 어떻게 담느냐에 따라서 느낌이 다르잖아요?
돼지목살을 데리야끼 소스에 살짝 졸인 스테이크는
맛도 좋고 단백질이 풍부해 수험생에게 좋은 요리예요.
여기에 좋아하는 채소나 버섯들을 곁들여도 좋고요.
저는 곰곰이가 구운 파인애플을 좋아해서 마늘칩과 함께 곁들였습니다.
계란프라이도 밥 위에 올려서 영양도 듬뿍 담았지요.

Menu • 밥 / 돼지목살 스테이크 / 사과 / 샐러드 / 계란프라이

Recipe • **돼지목살 스테이크**

재료 : 돼지목살, 소금, 후추, 청주, 파인애플, 양파, 아스파라거스, 방울토마토, 마늘

1. 돼지목살 2장을 소금, 후추, 청주로 밑간을 해서 30분 정도 재웁니다.
2. 팬에 오일을 두른 뒤 재워둔 목살을 구워요.
3. 거의 다 익을 때쯤 데리야끼 소스 2T와 물을 동량으로 섞어서 팬에 넣고 센불에서 졸여요.
4. 돼지고기와 함께 먹으면 소화가 잘되는 파인애플도 한쪽 구워서 올려요.
5. 양파는 링으로 썰어서 굽고, 아스파라거스와 방울토마토도 같이 구워요.
6. 마늘은 얇게 슬라이스 해서 팬을 기울여 오일에 튀기듯이 구우면 바삭하고 맛있어요.
7. 샐러드도 곁들여 먹어요.

(곰곰이 밥상 11)

별다른 첨가물이 없어도 맛을 내는 식재료가 바지락이랍니다.
알 굵은 바지락을 보면 무조건 사와서 봉골레파스타도 해먹고
바지락칼국수도 해먹곤 해요.

이날은 바지락탕을 끓였어요.
그리고 곁들인 반찬이 베이컨 가지 말이인데요.
여름이면 흔하게 볼 수 있는 가지를 곰곰이는 그다지 좋아하지 않아요.
가지의 물컹한 식감이 별로라고 하더라고요.
'어떻게 하면 가지를 먹여볼까?' 생각을 거듭하다가
베이컨과 함께 돌돌 말아봤어요.

가지인지도 모른 채 먹던 곰곰이에게 맛이 어떠냐고 물어봤어요.
"이거 버섯 아니에요?"
"버섯 아니야, 그거 가지야."
"헐…."

맛있어서 가지가 아닌 줄 알았다는 곰곰이를 보니
고민한 보람이 있더군요.

Menu • 밥 / 바지락탕 / 베이컨 가지 말이 / 두부조림 / 멸치 견과볶음 / 김치 / 사과

Recipe • 바지락탕
재료 : 바지락, 소금, 청양고추, 대파
1. 해감이 된 바지락은 냄비에 넣고 바지락이 잠길 정도만 물을 부어서 끓여주세요.
2. 소금으로 간을 살짝 하고 청양고추 조금, 대파를 송송 썰어 넣으면 돼요.

Recipe • 두부조림

재료 : 두부(반 모 정도), 아래 조림양념

1. 두부를 두껍게 썰어서 물기를 빼주세요.
2. 팬에 오일을 두르고 두부를 구워 접시에 옮겨 담아놓으세요.
3. 두부를 구운 그 팬에 조림양념을 붓고 살짝 끓이세요.
4. 끓으면 구워놓은 두부를 넣어 앞뒤로 졸입니다.

조림양념 : 간장 1T, 물 2T, 고춧가루 1t, 설탕 1t, 다진 마늘 1t, 다진 파 1T, 다진 홍고추 조금

Recipe • 베이컨 가지 말이

재료 : 가지, 베이컨

1. 가지를 세로 방향으로 길게 0.5cm 두께로 납작하게 썰어주세요.
2. 그릴 팬에 오일을 바르고 센 불에서 노릇하게 구워요.
3. 베이컨도 따로 구워 기름을 빼요.
4. 가지 위에 베이컨을 올려 돌돌 말아줍니다.

곰곰이 밥상 12

가을에 챙겨 먹어야 하는 것이 바로 표고버섯이랍니다.
이 표고버섯에 소고기를 넣고 솥밥을 지어봤어요.
냉동실에 있던 은행도 몇 알 넣었더니 더 먹음직스러워요.
양념간장에 쓱쓱 비벼 먹으면 다른 반찬이 필요 없답니다.

Menu • 소고기 표고버섯 솥밥 / 얼갈이배추 된장국 / 고등어구이 / 오이 양파 무침 / 사과

Recipe • 소고기 표고버섯 솥밥

재료 : 쌀, 불고기용 소고기(100g 정도), 소금, 후추, 은행, 아래 양념장

1. 쌀을 씻어 30분 정도 불린 후 물기를 빼서 준비해주세요.
2. 소고기를 잘게 썰어서 소금, 후추를 살짝 뿌려 달군 솥에 참기름을 두르고 볶아 접시에 덜어놓아요.
3. 고기를 볶은 솥에 불린 쌀과 동량의 물을 부어 솥밥을 지어요. (솥밥 만드는 방법 63쪽 참고)
4. 중간불에서 끓으면 뚜껑을 열고 밥물이 잦아 들 때까지 기다렸다가 표고버섯과 볶아둔 소고기, 은행을 넣고 뚜껑을 닫아 약불에서 12분 정도 가열한 후 뜸을 들입니다.
5. 양념장에 비벼 먹어요.

양념장 : 간장 2T, 고춧가루 조금, 참기름 1T, 물 1T, 통깨 조금, 고추 조금, 다진 마늘 1t

얼갈이배추 된장국

재료 : 얼갈이배추, 소금, 멸치육수, 된장, 파, 마늘

1. 얼갈이배추를 다듬어서 준비해요.
2. 소금을 조금 넣은 끓는 물에 얼갈이배추를 살짝 데쳐서 준비해둬요.
3. 냄비에 멸치육수를 부어 된장을 풀고 데친 얼갈이배추를 먹기 좋게 썰어 넣어요.
4. 파, 마늘을 넣고 한소끔 더 끓여요.
5. 기호에 따라서 바지락을 넣어도 좋아요.

곰곰이 밥상 13

우리 가족은 주말에 횟감 연어를 잘 사다 먹어요.
커다란 연어를 회로 먹다가 월요일쯤 되면 꼬리 부분만 거의 남거든요.
그러면 올리브오일에 구워서 먹어요.
담백하고 반찬으로도 좋아요.
대합으로 미역국을 시원하게 끓이고
매콤한 꽈리고추 멸치볶음과 상큼한 샐러드로
영양 가득, 사랑 가득 담아서 차린 밥상이에요.
친구가 집에 놀러 오면서 깐 밤을 가져다주어서 아침밥을 할 때 올렸더니 꿀맛이네요.
가을에 밥을 할 때는 밤을 몇 개 올려보세요.

Menu • 밤 콩 솥밥 / 대합 미역국 / 연어구이 / 브로콜리 샐러드 / 꽈리고추 멸치볶음 / 사과

Recipe • 연어구이

재료 : 연어, 소금, 후추, 올리브유, 치커리, 레몬

1. 연어에 소금, 후추를 살짝 뿌려서 올리브유를 두른 팬에 노릇노릇 구워줘요.
2. 접시에 치커리 한 장 비스듬히 깔고 그 위에 연어구이를 올리면 더 먹음직스러워요.

저는 핑크레몬이 있어서 한 조각 잘라서 올려 주었더니 더욱 더 먹음직스러졌지요?

대합 미역국

재료 : 미역, 대합, 참기름, 국간장, 소금

1. 미역은 물에 불려 놓으세요.
2. 대합은 적당한 크기로 자릅니다.
3. 냄비에 참기름을 두르고 불려 놓은 미역을 볶다가 물을 붓고 끓여요.
4. 한소끔 끓으면 손질한 대합을 넣고 국간장과 소금으로 간을 합니다.

(곰곰이 밥상 14)

곰곰이는 계란말이보다 계란찜을 더 좋아해서,
아침에 먹기 부드럽고 영양도 있는 계란찜을 자주 만들어요.
계란을 명란젓과 함께 섞어서 만들기도 하지만,
이날은 계란찜을 먼저 만들고 나중에 명란젓을 짜서 올려보았어요.
같은 명란이지만 만드는 방법에 따라서 맛도 식감도 달라지니 참 재미있지요?
명란이 들어가기 때문에 계란찜의 간은 조금 심심한 듯 해주세요.

Menu • 밥 / 명란 계란찜 / 아보카도 연어말이 / 두부 묵은지 볶음 / 김자반 / 사과 & 방울토마토

Recipe • 명란 계란찜

재료 : 계란, 다시마육수, 소금, 대파, 명란

1. 계란 1개를 잘 풀어서 다시마육수 1/2C에 소금 한 꼬집을 넣어 잘 섞어주세요.
2. 체에 한 번 거릅니다.
3. 뚜껑 있는 그릇에 담고 김 오른 찜기에 쪄요(뚜껑이 없는 그릇이라면 쿠킹호일을 덮어요).
4. 7분 정도 찐 다음 대파를 썰어 올려주고 조금만 더 찐 다음 불을 끄고 껍질을 벗긴 명란을 1T 정도 올려줘요.(계란찜 만드는 방법 67쪽 참고)

두부 묵은지 볶음

재료 : 두부, 묵은지, 들기름, 통깨, 설탕

1. 두부 반 모를 끓는 물에 데쳐서 준비해요.
2. 묵은지 1/4포기를 먹기 좋게 썰어서 팬에 들기름을 두르고 설탕 1t를 넣어 볶아줍니다.
3. 마지막에 통깨를 뿌려요.
4. 초록색 채소 한 장을 깔고 그 위에 묵은지 볶음을 올리고, 옆에 두부를 적당한 크기로 썰어서 담으면 아주 먹음직스러워요.

(곰곰이 밥상 15)

저는 단골 수산물 가게가 있어요.
매일 산지에서 올라오는 싱싱한 해산물로 가득한 곳이죠.
그곳에 가면 사고 싶은 재료들이 너무 많아요.
이날은 문어를 사서 문어숙회를 만들어봤어요.
주인아주머니께서 알려주신 방법으로 만들어보았는데
여러분에게도 소개해드릴게요.

Menu • 밥 / 문어숙회 / 명란젓 연두부찜 / 부추 오이무침 / 표고버섯 볶음 / 사과

Recipe • 문어숙회

재료 : 양파, 문어

1. 냄비에 양파를 1cm 두께의 링으로 썰어 깔고 그 위에 문어를 올려요.
2. 약불에서 10분 정도만 찝니다. 찐 양파랑 같이 먹어요.

문어를 물에 데치면 맛있는 성분이 다 빠져 나간다고 해요. 소금을 넣은 참기름장이나 초장에 찍어먹어도 좋아요.

명란젓 연두부찜

재료 : 연두부, 명란젓, 대파, 홍고추

1. 연두부 한 팩을 뜯어 물기를 따라 버린 후 찜 그릇에 담아요.
2. 명란젓 한 개를 잘라서 연두부 위에 담은 후 김 오른 찜기에 5분 정도 찝니다.
3. 대파와 홍고추를 마지막에 넣어주세요.

표고버섯 볶음

재료 : 표고버섯, 들기름, 소금, 쪽파

1. 표고버섯은 기둥을 떼고 채 썰어요.
2. 들기름에 표고버섯을 소금 간하여 볶아줍니다.
3. 마지막에 쪽파를 썰어 넣어요. 여기에 잣을 다져서 올려주면 더욱 맛있어요.

(곰곰이 밥상 16)

고3이 되니 거의 한 달에 한 번 꼴로 시험을 보는 것 같아요.
이날은 9월 모의평가를 보던 날이었어요.
어떤 메뉴를 준비할까 하다가 전복을 먹으면 왠지 힘이 더 날 것 같아서
전복 솥밥을 지었어요.
두부를 꽃 모양 틀로 찍어낸 후 메추리알을 한 개씩 넣고 부쳐서
김치볶음과 함께 내주기도 했어요.
맛도 영양도 두 배가 되는 것 같지요?
오랜 시간 시험 보느라 애쓰는 모든 수험생에게 파이팅을 보내는 아침입니다.

Menu • 전복 솥밥 / 메추리알 품은 두부김치 / 소고기 버섯 볶음 / 아보카도 샐러드 / 사과

Recipe • 전복 솥밥

재료 : 전복, 참기름, 쌀, 아래 양념장

1. 얇게 썬 전복살을 솥에다 참기름으로 볶아 준비해요.
2. 전복을 볶은 솥에 전복내장을 볶다가 불린 쌀과 동량의 다시마육수를 넣고 밥을 해요.(솥밥 만드는 방법 63쪽 참고)
3. 밥을 뜸 들일 때 볶아둔 전복을 넣고 밥이 다 되면 양념장에 비벼 먹어요.

양념장 : 간장 2T, 고춧가루 조금, 물 1T, 참기름 1T, 다진마늘 1t, 통깨 조금, 쪽파 다진 것 조금

메추리알 품은 두부김치

재료 : 메추리알, 두부, 신김치, 고춧가루, 설탕, 들기름, 통깨 조금

1. 두부는 정사각형으로 두껍게 썰어 모양 틀로 찍어 준비해요.
2. 오일을 두른 팬에 두부를 올려 한쪽 면을 먼저 익히고, 뒤집은 후 메추리알을 부어 약불에 익혀요.
3. 신김치를 먹기 좋은 크기로 썰어요.
4. 팬에 들기름을 두르고 김치를 볶다가 설탕 1/2t을 넣고 완전히 익을 때까지 볶아요.
5. 불을 끄고 통깨를 조금 뿌려줍니다.

돼지고기를 함께 볶아도 좋아요.

소고기 버섯 볶음

재료 : 불고기용 소고기, 백만송이버섯

1. 불고기용 소고기와 백만송이버섯을 적당한 크기로 잘라서 준비해요.
2. 오일을 두른 팬에 소금을 살짝 넣고 볶아줍니다.

곰곰이 밥상 17

소고기를 푹 삶아서 끓인 소고기뭇국은 찬바람이 불면 생각나는 국이에요.
무가 들어가 소화가 잘 되기 때문에 수험생에게도 좋아요.
노릇노릇 조기 한 마리를 굽고, 전복과 아스파라거스를 함께 졸였어요.
샐러드는 토마토와 프레시 모차렐라치즈로 준비했어요.
올리브오일과 발사믹식초를 3:1의 비율로 섞은 드레싱으로 뿌려주었어요.

Menu • 밥 / 소고기뭇국 / 조기구이 / 샐러드 / 전복 아스파라거스 조림 / 사과

Recipe • 조기구이

재료 : 조기, 부침가루

1. 조기는 비늘을 제거하고 깨끗이 씻어서 준비해주세요.
2. 부침가루를 살짝 묻혀서 팬에 오일을 둘러 구워요.
3. 한쪽 면이 노릇해지면 뒤집어서 구워줍니다.

전복 아스파라거스 조림

재료 : 전복, 아스파라거스, 데리야끼 소스

1. 전복은 손질해서 어슷하게 썰어요.
2. 아스파라거스도 한입 크기로 썰어요. 이때, 아스파라거스 밑동 부분은 질기니까 필러로 벗겨내면 먹기 좋아요.
3. 팬에 오일을 두르고 전복과 아스파라거스를 볶다가 데리야끼 소스를 넣고 잘 볶아줍니다. (데리야끼 소스 만드는 법 70쪽 참고)

(곰곰이 밥상 18)

술을 잘 못 마시지만 어쩌다가 포장마차에 갈 때가 있는데
제일 좋아하는 메뉴가 대합구이예요.
먹어본 기억을 살려 대합을 다져 매콤한 양념에 버무려 구워서
나름 대합구이를 만들어봤어요.
조개껍질에 담아야 더 예쁘니까 껍질을 깨끗이 씻어서 그릇으로 사용했습니다.
매콤한 대합구이를 만들었으니 부드러운 차돌된장찌개와 아보카도 샐러드를
함께 하였어요.

Menu • 밥 / 차돌된장찌개 / 아보카도 샐러드 / 대합구이 / 견과 마늘 볶음 / 사과

Recipe • 대합구이

재료 : 대합, 쪽파, 통깨, 아래 양념

1. 대합 두 마리를 씻은 후 잘게 잘라서 준비를 해요.
2. 양념을 넣고 팬에서 볶아주세요.
3. 깨끗이 씻은 대합껍질에 담아요.
4. 쪽파와 통깨를 솔솔 뿌려주면 더 맛있어요.

양념 : 고추장 1T, 진간장 1/2T, 고춧가루 1t, 설탕 1t, 다진 마늘 조금

견과 마늘 볶음

재료 : 마늘, 견과류, 청고추, 홍고추, 아래 양념

1. 큰 마늘은 반으로 자르고 작은 마늘은 통으로 하여 20톨 정도 준비해주세요.
2. 끓는 물에 1~2분 정도 마늘을 넣고 익힌 뒤 찬물에 씻어 물기를 빼요.
3. 좋아하는 견과류(아몬드, 호두, 호박씨, 잣, 땅콩 등등) 1/2C을 마른 팬에 중불로 구워주세요. 오븐에 구워도 돼요.
4. 청고추, 홍고추를 씨를 빼고 쫑쫑 썰어서 준비하세요.
5. 팬에 오일을 두르고 준비해둔 마늘을 노릇해질 때까지 볶은 후 모든 견과를 넣고 볶다가 양념과 고추를 넣고 살짝 더 볶아줘요.

양념 : 간장 1T, 물 1T, 설탕 1t, 올리고당 1t, 참기름 1/2t

(곰곰이 밥상 19)

소고기뭇국을 끓여야겠다고 생각하고 장을 보는데 번뜩 재미있는 생각이 났어요.
무를 뼈다귀 모양 틀로 찍어서 끓이면 어떨까?
이런 생각이 드는 날에는 밥상 차리는 즐거움이 배가 됩니다.
"엄마가 너를 위해서 오늘은 뼈다귀 국을 끓였어~"
웃으면서 밥상을 내주었는데, 이걸 본 곰곰이가 '피식' 웃으며 한 마디 하더군요.
"헐……."
힘내라는 말 대신 오늘도 곰곰이에게 웃음을 선물한 셈이네요.

Menu • 밤 콩 솥밥 / 소고기뭇국 / 조기구이 / 뱅어포 무침 / 샐러드 / 사과

Recipe • 소고기뭇국

재료 : 양지머리, 통마늘, 무, 집간장, 소금, 다진마늘, 대파

1. 양지머리(300g 정도)를 덩어리로 통마늘 3톨을 넣고 물 1.5L를 부어 센불에서 끓여요.
2. 부글부글 끓으면 약불로 줄여서 30~40분 정도 더 끓입니다.
3. 고기가 익으면 통마늘과 함께 건져내고, 뼈다귀모양 쿠키틀로 두껍게 찍은 무를 그 냄비에 넣어요.
4. 건져낸 고기는 손으로 찢어줍니다.
5. 찢어둔 고기에 집간장 1/2t, 소금 1/2t를 넣고 조물조물 무친 다음 다시 국냄비에 넣어줍니다.
6. 다진마늘 1t, 집간장 1t, 소금 1t로 국간을 하고 대파 한 대를 썰어넣고 한소끔 더 끓입니다.

뱅어포 무침

재료 : 뱅어포, 통깨, 참기름, 아래 양념

1. 뱅어포 3장을 먹기 좋게 찢어주세요.
2. 팬에 오일을 많이 두르고 튀기듯이 구워서 접시에 덜어놓아요.
3. 팬에 남아 있는 오일을 버리고 양념을 넣어 살짝 끓입니다.
4. 끓으면 불을 끄고 뱅어포를 넣고 무쳐요.
5. 통깨와 참기름을 뿌려요.

양념 : 간장 1T, 고추장 1/2t, 설탕 1t, 올리고당 2t

곰곰이 밥상 20

홍합은 탕으로 많이 먹지만 오늘은 말린 홍합과 다시마로
홍합 솥밥을 만들어보았어요.
마지막에 참기름을 몇 방울 떨어뜨려주면 밥만 먹어도 맛난 홍합밥이 완성됩니다.
맑은 순두부에는 곰곰이가 좋아하는 새우 한 마리를 올려주었어요.
청어볶음과 매운 닭안심구이, 아보카도 샐러드까지
영양 가득 든든한 한 끼 밥상이지요?
로메인, 치커리 등 채소와 방울토마토, 아보카도를 썰어 볼에 담고
소금을 살짝 뿌린 후 올리브오일을 드레싱으로 뿌렸어요.
토핑으로 좋아하는 견과류를 뿌려 먹으면 더욱 담백하고 맛있는
아보카도 샐러드가 됩니다.

Menu • 홍합 솥밥 / 새우 맑은 순두부 / 청어볶음 / 닭안심구이 / 아보카도 샐러드 / 사과

Recipe • **홍합 솥밥**

재료 : 마른 홍합, 참기름, 다시마, 쌀

1. 마른 홍합을 잘 헹궈서 물에 불려두세요. 이때 홍합을 불린 물은 버리지 않고 밥 지을 때 넣어요.
2. 참기름에 홍합을 달달 볶고, 쌀과 홍합 우린 물을 붓고 다시마를 한 장 올려서 밥을 지어요.
3. 밥이 다 되면 다시마를 건져서 쫑쫑 채 썰어서 밥 위에 올려주어요.(솥밥 만드는 방법 63쪽 참고)
4. 참기름을 한 번 둘러줍니다.

닭안심구이

재료 : 닭안심, 양파, 아래 구이양념

1. 닭안심의 힘줄을 제거하고 손질해두세요.
2. 구이양념에 30분 정도 재워주세요.
3. 팬에 오일을 두르고 구워줍니다.
4. 접시에 양파를 깔고 그 위에 구운 안심을 올려서 양파랑 함께 먹어요.

구이양념 : 고추장 1T, 진간장 1/2T, 고춧가루 1t, 설탕 1t, 마늘 조금

(곰곰이 밥상 21)

곰곰이는 밥에다 뭘 섞어주어도 잘 먹어요.
그래서 늘 밥을 지을 때 영양을 생각하게 돼요.
이날 아침은 시어머니께서 주신 땅콩이 있어서 땅콩 솥밥을 지었어요.
마른 땅콩을 물에 불려서 밥할 때 올려주면 참 맛있는 땅콩 솥밥이 됩니다.
치즈가루를 섞어서 닭다리살을 굽고 허니머스터드 소스를 올려서
새순채소와 함께 먹으면 맛있고 영양가 가득한 닭다리살 치즈 구이가 돼요.

Menu • 땅콩 솥밥 / 닭다리살 치즈 구이 / 오이 부추 무침 / 바지락전 / 사과

Recipe • 닭다리살 치즈 구이

재료 : 닭다리살, 우유, 소금, 후추, 계란, 밀가루, 빵가루, 치즈가루, 새순채소, 그린빈, 견과류, 아래 소스

1. 닭다리살은 손질해서 우유에 30분 정도 담가두었다가 물에 헹구고 소금, 후추를 뿌려 잠시만 둡니다.
2. 준비한 닭다리살을 계란물에 담갔다가 밀가루, 빵가루, 치즈가루를 1:1:1로 섞은 가루를 묻혀요.
3. 팬에 오일을 두르고 노릇노릇하게 구워주세요.
4. 소스를 만들어 구은 닭다리살 위에 뿌려줘요.
5. 새순채소와 그린빈을 곁들여서 그릇에 올려요. 그 위에는 견과류를 살짝 뿌려도 좋습니다.

♪ 소스 : 마요네즈 3T, 머스타드 1T, 꿀 1T, 소금 약간

바지락전

재료 : 바지락살, 계란, 부침가루

1. 바지락살을 흐르는 물에 살짝 씻어주세요.
2. 물기를 제거하고 부침가루에 살짝 묻힙니다.
3. 계란물에 담근 후 2~3개씩 전을 부치면 쫄깃한 바지락전이 됩니다.

(곰곰이 밥상 22)

수험생의 체력보충으로 소고기만한 게 없지요?
저도 곰곰이 위해 소고기 요리를 많이 해주었어요.
이날은 소고기와 어울릴 만한 채소와 버섯을 볶아 함께 곁들여서
영양가를 더 높였어요.
따뜻한 밥 한 끼가 열심히 공부할 수 있는 힘이 되길 바라는
엄마의 마음을 담은 밥상이랍니다.

Menu • 밥 / 채끝등심과 채소 볶음 / 바지락 된장국 / 견과 마늘 볶음 / 김치 / 사과

Recipe • 채끝등심과 채소 볶음

재료 : 채끝등심, 소금, 후추, 올리브오일, 양파, 파프리카, 양배추, 아스파라거스, 마늘, 데리야끼 소스

1. 채끝등심 한 덩이를 소금과 후추로 간을 하고 올리브오일을 발라서 잠시 두세요.
2. 양파, 빨간 파프리카와 양배추도 채 썰어두세요.
3. 아스파라거스는 필러로 껍질을 살짝 벗겨서 파프리카 사이즈로 썰어요.
4. 백만송이 버섯은 밑동을 자르고 한 가닥씩 떼어둡니다.
5. 마늘을 편으로 썰어서 기름을 넉넉히 두르고 튀겨서 마늘칩을 만들어요.
6. 마늘을 구운 팬에 양파, 양배추, 버섯, 아스파라거스를 넣고 소금으로 간을 하면서 각각 구워서 접시에 담습니다.
7. 채끝등심을 센 불에 앞뒤로 굽다가 데리야끼 소스를 넣고 살짝 졸여줘요. (데리야끼 소스 만드는 법 70쪽 참고)
8. 소스가 잘 스며든 고기를 건져 썰어서 구웠던 채소와 함께 세팅합니다.

곰곰이 밥상 23

다소 곰곰이가 지쳐 보였던 날이었어요.
말수가 별로 없는 아이라서 짜증을 내거나 힘들다는 말을 하지 않았지만,
엄마의 직감으로 알 수가 있었지요.
입맛도 없어 하고요.
이날 아침은 소고기와 채소를 가득 넣은 볶음밥을 준비했어요.
계란프라이에 김으로 윙크 한 번 해주었더니,
밥상을 본 곰곰이가 슬며시 웃었습니다.
어떤 때는 "힘내라!" "열심히 하렴!" 하는
한 마디 말보다 한 끼 밥상이 더 힘이 난답니다.
샐러드는 매일 먹어도 좋다는 곰곰이를 위해서
토마토와 보코치니 치즈를 넣고 만들었어요.
접시에 샐러드 채소를 담고, 그 위에 토마토와 치즈, 견과류를 넣고 소스는
올리브오일과 발사믹식초를 3:1의 비율로 섞어서 뿌려주었어요.

Menu • 소고기 볶음밥 / 두부 된장국 / 토마토 치즈 샐러드 / 김치 / 꼬마 사과

Recipe • 소고기 볶음밥

재료 : 소고기 다짐육, 양파, 감자, 당근, 브로콜리, 계란, 김, 아래 불고기양념

1. 양파, 감자, 당근, 브로콜리를 잘게 썰어서 소금 간하여 볶아요.
2. 소고기 다짐육 100g을 불고기양념에 미리 재워서 팬에 볶아 준비해요.
3. 밥과 미리 볶은 소고기 다짐육을 넣고 함께 볶아줍니다.
4. 계란을 프라이해서 펀칭기로 모양낸 김을 노른자 위에 살포시 올려줘요.

불고기양념 : 고기 100g당 간장 1T, 설탕 1/2T, 참기름 조금, 후추 조금

두부 된장국

재료 : 멸치육수, 된장, 두부, 대파, 팽이버섯

1. 멸치육수에 된장을 풀어요.
2. 두부와 대파, 팽이버섯을 깍둑썰기한 뒤 한소끔 끓입니다.

(곰곰이 밥상 24)

쫄깃하고 맛있는 꼬막이 나오는 꼬막철에는 꼬막 무침을 해봅니다.
곰곰이가 참 좋아라 하는 반찬인데 아무래도 손이 많이 가서 자주는 못해줬어요.
그런데 수험생이다 보니 꼬막을 볼 때마다 먹이고 싶은 마음에 사오게 됩니다.
도루묵도 굽고 구수한 청국장도 끓이고 좋아하는 샐러드까지 언제나처럼
건강밥상을 차렸어요.

Menu • 밥 / 청국장찌개 / 도루묵 구이 / 꼬막 무침 / 샐러드 / 사과

Recipe • 청국장찌개

재료 : 멸치육수, 청국장, 김치, 무, 양파, 두부, 대파, 홍고추, 소금, 고춧가루

1. 냄비에 멸치육수를 1/2C만 먼저 넣고, 청국장(100g)을 풀어요.
2. 김치, 무, 양파를 넣고 끓인 후 무가 익으면 멸치육수 1/2C과 두부, 대파, 홍고추를 넣고 살짝 더 끓여요.
3. 소금으로 간을 하고 기호에 따라서 고춧가루를 첨가해도 좋습니다.

꼬막 무침

재료 : 꼬막, 아래 양념

1. 꼬막을 해감시킨 뒤 깨끗이 씻어요.
2. 냄비에 꼬막의 3~4배 정도 물을 붓고 끓여요.
3. 물이 끓으면 꼬막을 한쪽 방향으로 저어가며 삶아요.
4. 꼬막이 입을 벌리기 시작하면 체에 건져서 껍질을 한쪽만 까요.
5. 접시에 담고 양념을 올려줘요.

양념 : 간장 1T, 다진 파 1T, 다진 홍고추 약간, 다진 마늘 1/3t, 고춧가루 조금, 참기름 1t, 통깨 1t, 올리고당 1/4t

(곰곰이 밥상 25)

이날 아침은 곤드레나물로 지은 밥에 황태구이를 만들어봤어요.
곤드레나물밥은 황태구이와 함께 먹으면 더 맛있는 것 같아요.
고단백의 황태구이와 부드러운 계란찜,
바지락살과 부추를 다져 만든 전을 함께 곁들인 영양밥상입니다.

Menu • 곤드레밥 / 황태구이 / 계란찜 / 바지락부추전 / 사과

Recipe • 곤드레밥

재료 : 곤드레나물, 들기름, 쌀, 아래 된장양념장

1. 말린 곤드레나물을 몇 번 물에 헹군 뒤 물에 담가 불려주세요.
2. 불린 곤드레나물의 물기를 꼭 짜고 들기름에 조물조물 무칩니다.
3. 불린 쌀 위에 곤드레나물을 올리고 밥을 지어요.
4. 기호에 따라서 양념된장에 비벼 먹어요.

된장양념장

재료 : 양파 1/8개, 표고버섯 1개, 다진마늘 1/2t, 쪽파 1대(혹은 대파 조금), 된장 2T, 물 3T, 설탕 1t, 통깨 1t, 참기름 약간

1. 양파, 표고버섯, 쪽파를 다져서 다진마늘과 함께 팬에 오일을 둘러 중불에서 볶아둡니다.
2. 된장과 물을 섞어서 볶아둔 채소에 부어 계속 볶아요.
3. 이후 설탕과 통깨를 넣고 살짝 더 볶아준 뒤 불을 끄고 참기름을 넣습니다.

황태구이

재료 : 황태, 쪽파, 통깨, 밀가루, 아래 양념장

1. 황태는 쌀뜨물에 10분쯤 불리면 부드럽고 잡내도 없어져요.
2. 물기를 꼭 짜고 황태 등 부분에 칼집을 냅니다.
3. 손질한 황태를 양념장에 반나절 정도 재워두세요.
4. 팬을 달구어 오일을 두르고 배쪽부터 구운 뒤 뒤집고 약불로 졸여줍니다.
5. 고명으로 다진 쪽파와 통깨를 뿌려주어요.

양념장(황태 1마리 기준)

고추장 1T, 고춧가루 1T, 진간장 1T, 설탕 1T, 물엿 1T, 포도씨유 1T, 다진 양파 1T, 마늘 1/2t, 후추, 참기름 약간

(곰곰이 밥상 26)

닭으로 하는 요리 중에서 유린기는 언제 만들어줘도 곰곰이가 좋아해요.
닭안심으로 해도 되지만 오늘은 닭다리살로 만들어서 더욱 맛있어요.
튀기는 대신 바삭하게 구워서 새콤매콤한 소스에 찍어먹으면
입맛 없는 아침에도 그만이랍니다.
보통은 양상추와 새순채소를 밑에 깔고 구운 닭은 올려주는데,
이날은 좀 색다르게 오이를 필러로 깎아서 반씩 접어주고
로메인 상추와 양상추를 겹쳐 말아서 썰고 그릇에 담아봤어요.
세팅만 조금 바꿔도 다른 분위기의 요리가 된답니다.

Menu • 밥 / 유린기 / 두부된장국 / 김치 / 비름나물 / 사과

Recipe • 유린기

재료 : 닭다리살, 우유, 소금, 후추, 아래 소스

1. 닭다리살은 우유에 30분 정도 재워서 잡내를 제거해요.
2. 물에 잘 헹군 뒤 소금, 후추로 밑간을 합니다.
3. 손질한 닭다리살에 녹말을 살짝 묻힌 후 오일을 넉넉히 두른 팬에 바삭하게 튀기듯 구워요.
4. 그릇에 채소를 세팅하고 가운데 구운 닭고기를 담고 소스를 만들어 뿌려줍니다.

소스 : 간장 1T, 레몬즙 1T, 화이트발사믹(식초) 1t, 설탕 2t, 다진 대파 1T, 다진 마늘 1/2t, 참기름·생강즙·홍고추·청양고추 조금씩

두부된장국

재료 : 멸치육수, 된장, 두부, 만가닥버섯, 파

1. 멸치육수에 된장을 풀어요.
2. 두부, 만가닥버섯, 파를 썰어 넣고 끓여요.

(곰곰이 밥상 27)

샐러드를 참 좋아하는 곰곰이는 매일 먹어도 좋다고 해요.
오늘은 문어 다리 한 쪽과 새우를 데쳐서 해물 샐러드를 만들어봤어요.
오이, 파프리카, 올리브, 루꼴라 등 좋아하는 채소를 넣고 만들면 좋아요.
소스는 올리브오일과 화이트발사믹을 3:1의 비율로 섞어서 사용했어요.

Menu • 밥 / 문어 새우 샐러드 / 소고기 버섯 볶음 / 마늘 견과류 볶음 / 열무김치 / 사과

Recipe • 소고기 버섯 볶음

재료 : 불고기용 소고기, 만가닥버섯, 쯔유, 양파

1. 얇은 불고기용 소고기를 적당한 크기로 잘라 준비해요.
2. 만가닥버섯과 준비한 소고기를 팬에 담고 쯔유를 조금 넣고 바로 볶아요.
   이때 양파를 함께 볶아주어도 좋아요.

마늘 견과류 볶음

재료 : 통마늘, 견과류, 맛간장

1. 통마늘을 먼저 끓는 물에 익히고 찬물에 헹구어 물기를 빼서 준비해두세요.
2. 좋아하는 견과류(호두, 아몬드, 호박씨, 잣, 해바라기씨 등등)를 마른 팬에 볶아서
   그릇에 덜어 놓아요.
3. 견과류를 볶은 그 팬에 오일을 두르고 익혀둔 마늘을 볶아주다가 견과류를
   넣으세요.
4. 맛간장을 넣어 살짝 더 볶아주세요.

곰곰이 밥상 28

두릅은 산채의 왕이라고 할 만큼 몸에 좋은 식재료예요.
피로회복에도 좋고 영양소도 풍부하다고 하여 아이에게 먹이고 싶었지만
쌉싸름한 특유의 맛 때문에 별로 좋아하지 않았어요.
'어떻게 하면 먹일 수 있을까?'
그러다가 번뜩 생각난 게 갑오징어였어요.
갑오징어랑 함께 먹으면 쌉싸름한 맛이 중화가 될 테니까요.
이왕이면 다홍치마!
갑오징어에 칼집을 내서 데치면 돌돌 말려요.
갑오징어를 두릅의 둘레만큼 잘라서 두릅에 둘러주니,
일명 '갑오징어 반지 낀 두릅'이 완성되었어요.

Menu • 밤 콩 솥밥 / 갑오징어 반지 낀 두릅 / 두부 된장국 /
오이 부추 무침 / 장조림 / 사과

Recipe • 갑오징어 반지 낀 두릅
재료 : 두릅, 갑오징어, 소금, 초고추장
1. 두릅은 줄기의 큰 가시들을 제거해요.
2. 끓는 물에 소금을 조금 넣고 뿌리 쪽부터 데쳐서
찬물에 헹구어 꼭 짭니다.
3. 칼집 낸 갑오징어를 데쳐서 두릅에 맞게 잘라줘요.
4. 초고추장을 곁들여내요.

오이 부추 무침
재료 : 오이, 부추, 아래 양념
1. 오이를 먹기 좋게 썰어요.
2. 부추도 한입 크기로 준비해서 먹기 직전에 양념에
버무려냅니다.
양념(오이 반 개 분량) : 고춧가루 1T, 까나리액젓 1/2T,
설탕 1t, 식초 1t, 다진 마늘 1/3t, 통깨 조금

(곰곰이 밥상 29)

편식이 거의 없는 곰곰이지만
좋아하는 음식과 별로 안 좋아하는 음식의 차이는 있어요.
그 대표적인 게 불고기예요.
불고기는 소고기 요리 중 거의 대표라고 할 만큼 맛있잖아요?
그런데 곰곰이는 그다지 좋아하지 않아요.
흔히 하는 불고기 말고 뭔가 새로운 건 없을까 고민하다가 생각해낸 요리랍니다.
새송이 불고기 말이!
아이가 안 먹는 음식이 있다면 요리방법이나 재료를
다르게 응용해보는 건 어떨까요?

Menu • 완두콩 솥밥 / 새송이 불고기 말이 / 해초 샐러드 / 매운 뱅어포 볶음 / 시금치 쯔유무침 / 사과

Recipe • 새송이 불고기 말이

재료 : 새송이버섯, 소고기100g, 잣, 영양부추, 소금, 들기름, 아래 불고기양념

1. 소고기를 잡채용으로 준비해주세요.
2. 소고기에 불고기양념을 합니다.
3. 새송이버섯은 세로로 아주 얇게 썰어주세요.
4. 팬에 새송이버섯을 살짝 구워요.
5. 구운 새송이버섯 위에 소고기를 올리고 돌돌 말아줍니다.
6. 구운 잣을 포인트로 올려줘요. 이렇게 먹어도 맛있지만 영양부추를 소금과 들기름으로 살짝 무쳐서 밑에 깔아주면 더 예쁘고 먹음직스러워요.

불고기양념 : 진간장 1T, 설탕 1/2T, 마늘 1/4t, 참기름 조금

시금치 쯔유 무침

재료 : 시금치, 쯔유, 소금, 가츠오부시, 통깨

1. 시금치는 소금을 넣어 끓는 물에 살짝 데친 뒤 찬물에 헹궈 물기를 꼭 짜요.
2. 데친 시금치를 쯔유에 무쳐요.
3. 고명으로 가쓰오부시를 잘게 잘라 올려내고 통깨를 살짝 뿌려요.

(곰곰이 밥상 30)

냉동실에 오징어인 줄 알았는데 꺼내보니 아껴두었던 한치였어요.
그래서 어쩌다가 한치덮밥을 만들게 되었네요.
오징어보다 부드러워 입에서 살살 녹는 맛이에요.
매콤한 한치덮밥과 어울리게 오늘도 계란찜을 만들었어요.

Menu • 한치덮밥 / 계란찜 / 마전 / 샐러드 / 고추장아찌 / 사과

Recipe • 한치덮밥

재료 : 한치, 양파, 홍고추, 풋고추, 대파, 참기름, 후추, 통깨, 부추(또는 깻잎) / 아래 양념장

1. 한치를 손질해서 먹기 좋은 크기로 잘라요.
2. 양파, 홍고추, 풋고추, 대파를 어슷 썰어 준비해놓아요.
3. 달군 팬에 오일을 살짝 두르고 양념을 잠깐 볶아요.
4. 양파, 홍고추, 풋고추, 한치를 넣고 한치가 익었을 때까지 볶아요.
5. 다 볶아지면 어슷 썬 대파를 넣고 빨리 한번 볶은 후 불을 꺼요.
6. 참기름, 후추, 통깨를 뿌려준 후 접시에 담고 부추를 쫑쫑 썰어서 올려줍니다.

양념장(한치 한 마리 기준) : 고추장 1T, 고춧가루 1T, 간장 1T, 다진 마늘 1t, 설탕 1t, 올리고당 1t, 참기름, 후추, 통깨 조금씩

마전

재료 : 마, 부침가루, 아래 간장양념장

1. 마는 껍질을 벗겨서 0.5cm 두께로 썰어요.
2. 부침가루를 살짝 묻혀서 오일을 두른 팬에 노릇하게 구워요.
3. 간장양념장을 올려줍니다.

간장양념장 : 간장 1T, 다진 마늘 1/2t, 깨소금 1/2t, 쪽파 조금, 식초 조금

(곰곰이 밥상 31)

봄나물이 한창일 무렵에는 돌나물을 사와서
오징어와 함께 플레이팅을 해봤어요.
좀 다르게 담아보고 싶어서 한참 생각한 끝에
탑처럼 오징어를 쌓은 뒤 돌나물을
꽂처럼 꽂아주고 초고추장을 곁들였답니다.
머릿속에서 생각하던 걸 딱 만들고 나니
너무 만족스럽더라고요.
같은 음식이라도 어떻게 담아내는지에 따라
참 다르지요?

Menu • 완두콩 솥밥 / 오징어와 돌나물 / 감자 북엇국 / 아보카도 샐러드 / 견과류 보리새우 볶음 / 사과

Recipe • 오징어와 돌나물

재료 : 오징어, 돌나물, 초고추장

1. 오징어는 통으로 손질해서 끓는 물에 살짝 데쳐요.
2. 데친 오징어를 링으로 썰어요.
3. 오징어를 탑처럼 쌓아 그 속에 깨끗하게 손질한 돌나물을 꽂아줍니다.
4. 초고추장으로 빈 접시에 모양을 그려주세요.

감자 북엇국

재료 : 감자, 참기름, 소금, 집간장, 두부, 계란, 대파

1. 감자를 썰어 찬물에 담가 전분기를 빼주세요.
2. 참기름을 두른 냄비에 북어채와 함께 감자를 5분 정도 볶아주세요.
3. 감자가 잠길 만큼만 물을 부어 끓여요.
4. 소금과 집간장을 같은 양으로 간을 하고 두부와 계란을 풀어 넣고 대파를 썰어 넣습니다.

견과류 보리새우 볶음

재료 : 견과류, 보리새우

1. 마른 팬에 견과류를 넣어 볶은 뒤 접시에 덜어 준비해둡니다.
2. 오일을 조금 더 둘러 보리새우를 볶다가 덜어둔 견과류도 함께 볶아요.

(곰곰이 밥상 32)

앞에서 말한 적 있지요?
장보러 가서 작은 오징어가 보이면 꼭 사게 된다고요.
연하기도 하고 사이즈가 작아서 한 마리를 부담 없이 다 먹기에 좋아서입니다.
영양부추나 미나리를 곁들여서 먹으면 더 맛있는 오징어불고기를 만들어보았어요.
제철 봄나물인 봄동과 오이로 겉절이를 무쳤고요.
매콤한 오징어불고기를 할 때는 시원하고 맑은 조개탕을 함께 먹으면 더욱 좋답니다.

Menu • 밥 / 오징어불고기 / 조개탕 / 봄동 오이 겉절이 / 버섯 양파 볶음

Recipe • 오징어불고기

재료 : 오징어, 영양부추, 소금, 참기름, 아래 불고기양념

1. 오징어는 통으로 손질한 뒤 껍질을 벗기고 씻어요.
2. 오징어 양쪽 몸통 가장자리에 칼집을 내줍니다.
3. 손질한 오징어에 불고기양념을 바르고 10분 정도 두어요.
4. 팬에 오일을 살짝 두른 뒤 오징어를 올리고 앞뒤로 구워요.
5. 영양부추를 소금, 참기름에 살짝 버무려서 접시에 깔아준 뒤 그 위에 오징어를 올려줍니다. 이렇게 하면 맛도 있지만 시각적으로 보기에도 먹음직스러운 오징어불고기가 완성됩니다.

불고기양념 : 고추장 1T, 진간장 1/2T, 고춧가루 1t, 설탕 1t, 다진 마늘 1/2t

조개탕

재료 : 조개, 소금, 대파, 청양고추, 홍고추

1. 해감시킨 조개를 냄비에 담고 물을 부어 센불에서 끓여요.
2. 소금으로 간을 맞추고 대파와 청양고추, 홍고추를 마지막에 올려서 담아요.

(곰곰이 밥상 33)

제육볶음은 아이들이 참 좋아하는 메뉴지요?
비타민이 풍부하고 입맛 돋우는 제철봄나물인 달래와 영양부추를 들기름에 살짝 무쳐 곁들여 먹으면 더 맛있어요.
매콤한 제육볶음에 어울리는 맑은 해물순두부도 끓였어요.
조개, 바지락, 홍합… 곰곰이는 어떤 해물이든 좋아해요.
고기와 해물과 채소가 있는 영양 가득 맛있는 한 끼랍니다.

Menu • 밥 / 맑은 해물 순두부찌개 / 제육볶음 / 김치 / 사과

Recipe • 제육볶음

재료 : 목살, 사과, 달래, 영양부추, 소금, 들기름, 아래 양념

1. 목살 한 근을 불고기감으로 준비해요.
2. 사과 1/2개를 강판에 갈아서 즙만 받아 고기를 먼저 10분 정도 재워요.
3. 재운 고기는 만들어둔 양념을 버무려 다시 1시간 정도 재워둡니다.
4. 팬에 고기를 구워주세요.
5. 봄나물인 달래, 영양부추를 소금, 들기름에 살짝 무쳐서 그릇에 먼저 담아요.
6. 그 위에 볶은 고기를 올립니다.
7. 밥은 둥근 그릇에 눌러 담아 고기 옆에 담아주면 더 맛있어 보입니다.

양념 : 고추장 3T, 고춧가루 2T, 간장 1T, 매실액 1T, 설탕 1t, 마늘 1t, 후추 약간

맑은 해물 순두부찌개

재료 : 멸치육수, 바지락, 홍합, 새우, 순두부, 소금, 홍고추, 대파

1. 멸치육수 1C 혹은 1과 1/2C을 냄비에 부어 바지락, 홍합, 새우 등 좋아하는 해물을 넣고 끓여요.
2. 순두부를 잘라 넣고 소금으로 간을 해요.
3. 홍고추, 대파를 넣으면 아침에 먹기 좋은 맑은 순두부 찌개가 완성이에요.

(곰곰이 밥상 34)

이날은 마치 도시락을 싸주듯 밥도 사각그릇에 담고,
두부조림도 사각그릇에 담아봤어요.
매일 똑같은 밥그릇에 담는 것보다 가끔 이런 재미를 주는 게 좋더라고요.
가을에서 겨울로 넘어가는 무렵에는 배추와 무가 가장 맛있을 때인데요.
그래서 저도 소고기를 푹 우려서 배춧국을 끓여보았어요.
달콤한 무와 배추, 푹 고아진 소고기를 찢어서 끓인 소고기 배춧국은 별미랍니다.

Menu • 밥 / 소고기 배춧국 / 새우 샐러드 / 꽈리고추 두부조림 / 사과

Recipe • 소고기 배춧국

재료 : 양지머리 300g, 무, 집간장, 소금, 배추, 대파, 마늘

1. 물 1.5L에 소고기 양지머리를 30~40분 정도 끓여서 육수를 내요.
2. 고기는 건져서 결대로 찢어 집간장 1/2t과 소금 1/2t으로 간을 해요.
3. 무는 칼로 빗겨내듯 썰고 배추도 듬성듬성 썰어서 육수에 넣어 한소끔 끓여요.
4. 찢어둔 소고기를 국냄비에 다시 넣고 다진마늘 1t, 소금 1t, 집간장 1t, 대파 1대를 썰어넣어 한소끔 끓여요.

새우 샐러드

재료 : 새우, 새순채소, 올리브오일, 소금, 아몬드슬라이스

1. 새우를 찜기에 올려서 쪄요.
2. 새순채소를 그릇에 깔고 새우를 올려주세요.
3. 올리브오일과 소금을 살짝 뿌린 드레싱에 아몬드 슬라이스를 뿌려줍니다.

꽈리고추 두부조림

재료 : 두부, 소금, 부침가루(또는 밀가루), 꽈리고추, 아래 양념장

1. 두부 반 모(250g)를 먹기 좋은 크기로 썰어서 소금을 살짝 뿌린 뒤 간수를 빼요.
2. 부침가루를 살짝 묻힌 뒤 팬에 오일을 두르고 노릇노릇하게 구워 접시에 덜어서 준비해요.
3. 팬에 양념장을 넣고 바글바글 끓으면 준비해둔 두부를 넣어 앞뒤로 졸여요.
4. 소금물에 살짝 데친 꽈리고추도 마지막에 넣고 함께 졸여요.

양념장 : 간장 1T, 물 2T, 고춧가루 1t, 설탕 1t, 다진 마늘 1t, 다진 파 1T, 홍고추 조금

(곰곰이 밥상 35)

곰곰이가 해산물 중에서는 새우를 제일 좋아해서
아침밥상에 새우요리를 많이 올리는 편이에요.
이날은 새우를 다져서 완자로 빚어 새우완자탕을 만들어봤어요.
호두조림에 볶은 퀴노아를 넣으니 톡톡 씹혀서 먹을 때 식감이 참 좋았아요.

Menu • 완두콩 솔밥 / 새우완자탕 / 퀴노아 호두조림 / 더덕구이 / 열무김치 / 사과

Recipe • 새우완자탕

재료 : 새우, 다시마육수, 당근, 부추, 계란, 감자전분, 홍고추, 청고추

1. 새우(120g 정도, 9~10마리)는 껍질을 벗겨서 머리를 씻어서 따로 모아 둬요.
2. 다시마육수 3C에 새우머리를 넣고 끓인 뒤 소금으로 간을 하여 체에 걸러 육수만 따로 준비합니다.
3. 새우살은 다져서 준비해요.
4. 당근 10g, 부추 5g을 잘게 다져서 준비한 후 다진 새우살과 계란흰자 1T, 감자전분 1t를 넣고 잘 치댄 후 동그랗게 완자를 빚어요.
5. 육수에 완자를 넣고 끓여요.
6. 홍고추와 청고추를 얇게 썰어서 넣어요.

더덕구이

재료 : 더덕, 포도씨유, 참기름, 통깨, 아래 양념

1. 더덕(200g)은 껍질을 까서 2~3mm 두께로 썰어 방망이로 두드린 후 포도씨유와 참기름을 섞어 고루 발라줘요.
2. 예열된 팬에 더덕을 초벌구이 하고, 양념을 발라 앞뒤로 구워줍니다.
3. 구운 더덕에 통깨를 뿌려냅니다.

양념 : 고추장 3T, 설탕 1T, 매실청 1/2T, 올리고당 1/2T

슈퍼푸드로 각광받는 퀴노아는 다른 곡물에 비해서
양질의 단백질이 풍부하게 함유되어 있다고 하여 관심을 가지게 되었어요.
주로 밥을 할 때 섞어 먹었는데 좀 더 다양하게 먹어볼 방법을 연구하다가
퀴노아를 볶아봤어요.
한번 볶을 때 많이 볶아서 통에 담아두면 더욱 편해요.
볶는 것이 삶는 것보다 식감도 좋고요.

저희는 집에서 샐러드 위에 토핑으로 자주 뿌려먹기도 해요.
호두조림 만들 때 마지막에 볶은 퀴노아를 넣어봤는데
톡톡 씹히는 식감과 호두조림이 참 잘 어울려서
곰곰이가 너무나 좋아하는 반찬이 되었답니다.

Recipe • 퀴노아 호두조림

재료 : 호두 200g, 볶은 퀴노아 1T, 아래 조림양념

1. 호두를 끓는 물에 1~2분 데친 후 체에 걸러 물기를 빼고 찬물로 헹구세요.
2. 냄비에 조림양념을 넣고 살짝 끓으면 물기를 뺀 호두를 넣어요.
3. 중약불에서 뚜껑 닫고 10분 정도 끓여요. 이때 몇 번 뒤적여줍니다.
4. 강불에서 뚜껑을 열고 뒤적여주며 색이 나도록 졸여요.
5. 불을 끄고 볶은 퀴노아를 넣고 섞어요.

조림양념 : 진간장 1T, 메이플시럽 2T, 설탕 1T, 물 1T

퀴노아 볶는 방법

1. 퀴노아를 쌀 씻듯이 깨끗이 씻은 후 체어 받쳐 물기를 완전히 빼주세요.
2. 마른 팬에 퀴노아를 넣고 중불에서 깨를 볶듯이 계속 볶아요.
3. 타닥타닥 튀기 시작하면 조금 더 볶은 뒤 색깔이 진해지면 불을 끕니다.

(곰곰이 밥상 36)

오삼불고기로 메뉴를 정하고 조금은 다른 플레이팅을 해보고 싶었어요.
아주 연하고 작은 오징어를 사왔기 때문에 두꺼운 삼겹살보다는 얇은 대패삼겹살이 더 어울릴 것 같았어요.
보통은 오징어와 삼겹살을 함께 볶지만
이날은 오징어와 삼겹살을 따로 볶아서 각각 담아 플레이팅했습니다.
양파와 깻잎은 가운데 담아주고 비벼 먹는 오삼불고기를 만들어봤어요.
같은 음식이지만 담는 모양에 따라서 달라지기도 하는 요리의 세계가 정말 재밌더라고요.

Menu • 밥 / 오삼불고기 / 푸딩 계란찜 / 김치 / 사과

Recipe • 오삼불고기

재료 : 대패 삼겹살 200g, 오징어 작은 것 1마리, 양파 1/2개, 깻잎 5장

1. 오징어는 깨끗하게 씻은 후 내장을 떼고 촘촘하게 칼집을 내어 양념에 30분 정도 재워둡니다.
2. 양파는 링으로 얇게 썰어서 찬물에 담가 매운 맛을 빼내고, 깻잎은 채 썰어 준비해요.
3. 양념에 재워둔 오징어를 팬에 굽고, 오징어를 구운 팬에 대패삼겹살과 나머지 양념을 넣고 볶아요.
4. 구운 오징어와 대패삼겹살을 양파, 깻잎과 함께 담아요.

양념 : 고추장 2T, 고춧가루 1T, 매실액 2T, 다진 마늘 1t, 생강즙 조금, 다진 대파 1T

곰곰이 밥상 37

닭고기 데리야끼 덮밥을 어떻게 플레이팅을 할까
한참을 생각했었어요.
그러다가 번뜩 든 생각이 양파를 링으로 통째
구워 봐야겠다 싶더라고요.
저는 요리를 생각하고 그릇을 고르는 경우도 있고,
반대의 경우도 있어요.
요리에 어울릴 만한 그릇을 골라서 플레이팅을 하는 일은
언제나 설레고 흥미로워요. 머릿속으로 생각한 대로
예쁜 플레이팅이 완성되면 진짜 기쁩니다.
그 기쁨이 제가 곰곰이밥상을 계속 차리는
이유인 것 같아요.

Menu • 닭고기 데리야끼 덮밥 / 바지락 계란탕 / 김치 / 사과

Recipe • 닭고기 데리야끼 덮밥

재료 : 닭다리살, 우유, 소금, 후추, 데리야끼 소스, 양파, 통깨

1. 닭다리살은 30분 정도 우유에 재워 잡내를 빼고, 다시 물에 씻어 소금, 후추로 밑간을 해요.
2. 팬에 오일을 두르고 닭다리살을 앞뒤로 구워주세요. 이때 껍질 쪽을 팬에 먼저 구워주세요.
3. 구운 닭다리살에 데리야끼 소스와 물을 동량으로 넣고 졸여요.(※닭다리살 한 덩어리당 데리야끼 소스 1T를 넣어요)
4. 양파는 0.5~1cm 두께로 링으로 썰어서 팬에 기름을 두르고 노릇하게 구워요.
5. 그릇에 밥을 담고 양파 링은 꽃처럼 두른 후 가운데 소스에 졸인 닭다리살을 올려줍니다.
6. 통깨나 볶은 퀴노아를 위에 뿌려주고 로즈마리도 한줄기 얹어주면 더 맛있어 보이는 닭고기 데리야끼 덮밥이 완성됩니다.

바지락 계란탕

재료 : 바지막, 멸치육수, 계란, 소금, 대파

1. 멸치육수를 냄비에 담고, 끓으면 바지락과 함께 계란을 잘 풀어서 넣어요.
2. 소금으로 간을 하고 대파를 썰어 넣어요.

(곰곰이 밥상 38)

새우도 좋아하고 아보카도도 잘 먹는 곰곰이를 위해서 만든 메뉴예요.
새우를 찜통에 쪄서 아보카도랑 하나씩 곁들여 양파소스에 찍어먹게 구성했어요.
대저 토마토가 한참 맛있을 때라서 대저 토마토 샐러드를 만들었고요.
멸치처럼 생겼지만 푸른 빛깔이 도는 청어도 볶았어요.
청어랑 얽힌 재미있는 이야기가 있는데 저는 곰곰이가 어릴 때 밥 먹이면서
새로운 식재료가 나오면 잘 먹는 식재료와 친구를 맺어주었어요.
가령 꽃게를 잘 안 먹으려고 하면 "너 새우 좋아하지? 꽃게는 새우 친구야."
이런 식이었죠.
청어볶음을 만들고 있을 때 곰곰이가 주방에 들어왔다가 저에게 묻더라고요.
"이거 멸치 친구예요?"
순간 예전 생각이 나면서 그걸 기억하는 곰곰이를 보며 감동했답니다.
오늘도 건강한 한 끼 집밥으로 차린 밥상입니다.

Menu • 밥 / 새우랑 아보카도랑 / 대저 토마토 샐러드 / 두부 된장국 / 청어 볶음 / 사과

Recipe • 새우랑 아보카도랑

재료 : 새우, 아보카도, 아래 양파소스

1. 새우는 김이 오른 찜통에 쪄내요.
2. 잘 익은 아보카도 1/2개를 슬라이스 합니다.
3. 아보카도와 새우를 번갈아가며 세팅한 후 양파소스를 곁들여내요.

양파소스 : (찬물에 담가 매운 맛을 뺀) 다진 양파 1T, 다진 피클 1/2T, 마요네즈 2T, 레몬즙 1t, 설탕 1t, 소금, 후추 약간

대저 토마토 샐러드

재료 : 새순채소, 토마토, 올리브오일, 소금

1. 잘 씻어 물기를 뺀 새순채소를 그릇에 담아요.
2. 토마토를 적당한 크기로 등분해서 올려줍니다.
3. 소금을 살짝 뿌리고, 올리브오일을 뿌려줘요.

청어 볶음

재료 : 청어, 꿀

1. 마른 팬에 청어를 한줌 넣고 볶아요.
2. 청어가 바싹 해지면 불을 끄고 꿀을 조금 넣어요.

(곰곰이 밥상 39)

곰곰이가 예전에는 돼지고기를
고추장 양념한 것만 좋아하더니,
요즘에는 된장으로 양념한 것도 맛있다고 해서
된장소스 돼지고기를 만들어봤어요.
돼지고기랑 어울리는 부추도 곁들이고
소화도 잘되는 파인애플도 한 조각 구워서
함께 담아봤어요.
맛있는 호랑이콩으로 솥밥을 지어서
따뜻한 아침 한 끼를 준비했어요.

Menu • 콩 솥밥 / 파인애플 구이와 된장소스 돼지고기 / 팽이버섯전 / 고추장 멸치볶음 / 열무김치 / 사과

Recipe • 파인애플 구이와 된장소스 돼지고기

재료 : 돼지고기(목살 또는 대패삼겹살), 파인애플, 부추, 소금, 들기름, 고춧가루, 아래 된장소스

1. 돼지고기는 아주 얇게 썬 목살이나 대패 삼겹살을 이용해요.
2. 고기를 팬에 먼저 구우면서 된장소스를 넣어 빠르게 볶아요.
3. 파인애플은 따로 구워서 준비해둡니다.
4. 부추는 소금, 들기름, 고춧가루 살짝 뿌려 버무려서 준비해요.
5. 그릇에 부추를 깐 뒤 구운 파인애플과 고기를 올려요. 이렇게 세팅하면 더 맛있어 보이고 음식의 궁합도 좋아요.

된장소스(돼지고기 600g 기준) : 된장 1T, 올리고당 1T, 물 1T, 청주 1/2T, 다진 마늘 1/2T, 설탕 1/2T, 참기름 1/2T, 진간장 1t

팽이버섯전

재료 : 팽어버섯, 양파, 당근, 쪽파, 계란

1. 팽이버섯 1/2개, 양파, 당근, 쪽파 등 냉장고에 있는 재료를 잘게 다져요.
2. 계란 1개를 섞어서 소금 한 꼬집을 넣어요.
3. 팬에 오일을 두르고 한 숟가락씩 떠서 부칩니다.
4. 팽이버섯의 쫄깃한 식감과 채소들이 잘 어우러져 맛있고 영양가도 있고 반찬고민일 때 좋아요.

(곰곰이 밥상 40)

예전에 스모크드 치즈를 사둔 게 있어서 알밥 만들 때 한번 넣어준 적이 있었는데,
곰곰이가 너무 좋아하는 거예요.
그 다음부터는 알밥할 때는 무조건 스모크드 치즈를 넣어요.
꼭 정해진 재료는 없어요.
냉장고에 있는 재료들로 만들어보세요.
저는 김밥 싸고 남은 크래미와 우엉조림으로 만들어 봤어요.
알록달록 예쁘기도 하지만 영양도 가득한 알밥이에요.

Menu • 스모크드 치즈 알밥 / 팽이버섯 계란국 / 호두조림 / 사과

Recipe • 스모크드 치즈 알밥

재료 : 날치알, 청주, 스모크드 치즈, 파프리카, 브로콜리, 김치, 크래미, 우엉조림

1. 날치알은 청주 한 방울 넣고 물에 한번 헹궈내면 비린 맛이 제거가 돼요.
2. 스모크드 치즈(없으면 모짜렐라 치즈 가능), 파프리카, 크래미, 우엉조림을 잘게 썰어서 준비해요.
3. 브로콜리는 끓는 물에 살짝 데치고, 김치는 팬에 볶은 뒤 각각 잘게 썰어요.
4. 냄비에 오일을 둘러 달군 후 밥 한 그릇을 넣고 그 위에 재료들을 예쁘게 돌려 담아줘요.
5. 타닥타닥 소리가 나면 불을 끈 후 잠시 두면 누룽지가 살짝 생겨서 더 맛있어져요.
6. 치즈, 김치, 우엉조림 때문에 따로 간을 하지 않아도 괜찮아요.

곰곰이 밥상 41

봄나물은 몸에 활력을 주는 비타민이 풍부하니 제철 봄나물을 많이 섭취하면 좋아요.
그래서 오늘은 달래, 참나물과 주꾸미 무침을 만들어봤어요.
매콤한 주꾸미 무침을 했으니 부드러운 계란찜도 함께 먹으면 좋겠죠?
여기에 된장베이스의 아삭이고추 무침, 버섯전도 만들어서 아침식단을 구성했어요.

Menu • 완두콩 솔밥 / 봄나물과 주꾸미 무침 / 계란 찜 / 아삭이고추 된장무침 / 애느타리버섯전 / 사과

Recipe • 봄나물과 주꾸미 무침

재료 : 쭈꾸미, 달래, 참나물, 소금, 들기름, 통깨, 아래 양념장

1. 주꾸미는 밀가루를 뿌려서 빡빡 주물러준 뒤, 흐르는 물에 씻어서 준비해요.
2. 끓는 물에 살짝 데친 주꾸미를 적당한 크기로 자른 뒤 양념장에 무쳐요.
3. 달래와 참나물을 소금, 들기름에 살짝 무쳐서 접시에 담고, 그 위에 주꾸미 무침을 올려요.
4. 통깨를 조금 뿌려줍니다.

양념장 : 고추장 1T, 식초 1t, 설탕 1t, 간장 1t, 올리고당 1t, 다진 마늘 1/2t, 고춧가루 1/2t, 참기름 조금, 통깨 조금

아삭이고추 된장무침

재료 : 아삭이고추, 아래 된장양념

1. 아삭이고추를 1cm 정도 크기로 썰어서 준비해요.
2. 된장양념에 무쳐서 그릇에 담아요.

된장양념 : 된장 1T, 고추장 1/2t, 고춧가루 약간, 다진 마늘 1/2t, 올리고당 1t, 참기름 1/2t, 통깨 조금

(곰곰이 밥상 42)

오늘은 명란과 톳으로 솥밥을 만들어봤어요.
톡톡 씹히는 톳과 명란이 너무 잘 어울려요.
명란에 간이 되어 있어서 간장을 따로 준비하지 않아도 맛있는 솥밥이에요.
감자를 좋아하는 곰곰이를 위해서 북엇국에도 감자를 넣고 끓였어요.
무를 넣고 끓이면 시원하지만 감자를 넣고 끓여도 별미예요.
감자를 넣은 북엇국과 버섯을 데쳐 넣은 들깨무침,
소고기 볶음과 김치를 곁들인 아주 건강한 밥상입니다.

Menu • 명란 톳 솥밥 / 감자 북어국 / 소고기 쯔유볶음 / 버섯 들깨무침 / 김치 / 사과

Recipe • 명란 톳 솥밥

재료 : 명란, 톳, 쌀, 다시마육수, 쪽파

1. 쌀 1/2C을 물에 30분 정도 불려두세요.
2. 껍질을 벗긴 명란(30g, 큰 거 반 개)과 톳(40g)을 준비해요.
3. 불린 쌀과 동량의 다시마육수를 부어 냄비솥밥을 짓다가, 뜸들일 때 톳과 명란을 올려줍니다.
4. 좀 더 부드러운 식감의 톳밥을 원한다면, 톳을 좀 더 일찍 넣어주세요. (솥밥 만드는 방법 63쪽 참고)
5. 밥이 완성되면 쪽파를 조금 뿌리고 톳과 명란을 밥에 잘 섞어서 먹어요.

버섯 들깨무침

재료 : 표고버섯, 아래 무침양념

1. 표고버섯 100g을 끓는 물에 살짝 데친 후 식혀두세요.
2. 무침양념과 섞어주세요.

무침양념 : 들깨가루 1T, 국간장 1/2t, 다진 대파 1t, 들기름 1/2t, 마늘 소금 한 꼬집

(곰곰이 밥상 43)

장조림 해둔 게 조금 남아서 장조림을 넣어서 솥밥을 만들어봤어요.
장조림 국물도 넣고 계란프라이도 올리면 맛과 영양을 다 잡을 수 있어요.
왕바지락으로 된장국도 끓였습니다.
마를 동그랗게 썰어 굽는 마전을 자주 했었는데, 이날은 마를 작게 깍둑썰기해서
보리새우도 넣어서 구웠어요.
그렇게 하니 마의 식감도 살아있고 중간 중간 씹히는 보리새우도 너무 맛있었어요.
꼭 새우가 아니더라도 아이가 좋아하는 식재료가 있다면 응용해보세요.

Menu • 소고기 장조림 계란 솥밥 / 바지락 된장국 / 오이 게살 냉채 / 마 보리새우전 / 사과

Recipe • 소고기 장조림 계란 솥밥

재료 : 쌀, 다시마육수, 소고기 장조림, 계란

1. 솥밥을 뜸들일 때 장조림 잘게 찢은 것을 올려요.(솥밥 만드는 방법 63쪽 참고)
2. 다른 팬에 계란프라이를 해서 밥이 다 되면 올려주세요.
3. 장조림 국물도 한 숟가락 정도 넣어주면 따로 간장을 준비하지 않아도 됩니다.
4. 계란프라이에 살짝 매콤하게 크러쉬드 레드페퍼를 뿌려줬어요. 이것은 생략해도 괜찮아요.

마 보리새우전

재료 : 마, 부침가루, 보리새우

1. 마 100g을 아주 작게 깍둑썰기해서 부침가루 1T, 물 2T와 잘 섞어주세요.
2. 보리새우를 2T 정도 넣어 섞은 후 팬에 오일을 둘러 한 숟가락씩 구워요.
3. 아삭한 식감의 마와 바삭한 새우의 조화가 아주 좋아요.

(곰곰이 밥상 44)

대체로 아침밥상 메뉴는 제가 알아서 준비하는 편이지만,
모의고사 날이라서 어떤 걸 먹으면 좋겠느냐고 곰곰이에게 물어봤어요.
장어소금구이를 해달라고 하더라고요.
단골 가게에 가서 제일 큰 장어 한 마리를 사서 소금을 뿌려
노릇노릇하게 구워주었어요.
밥에 밤, 대추, 은행도 넣어서 영양밥으로 지었고요.
하루 종일 시험 보느라 애쓰는 아이에게 좀 더 영양가 있고
체력을 키워주는 아침상을 차려주고 싶은 마음으로 구성한 밥상이에요.

Menu • 영양밥 / 장어 소금구이 / 매콤 새우 샐러드 / 두부 된장국 / 마늘 견과류 볶음 / 사과

Recipe • 장어 소금구이

재료 : 장어, 소금, 깻잎, 마늘

1. 손질된 바다장어를 깨끗이 씻어서 물기를 닦아 준비해요.
2. 팬에 오일을 두르고 약불에 배 부분부터 노릇노릇하게 양쪽 모두 구워요.
3. 바다장어라서 간간하니까 소금은 구우면서 살짝만 뿌려줍니다.
4. 깻잎을 돌돌 말아서 채 썰어 장어 밑에 깔아주세요. 그러면 더 먹음직스러운 장어구이가 돼요.
5. 장어는 보통 생강 채를 곁들여 먹지만 생강 채 대신 마늘을 편으로 썰어서 장어 구운 팬에 구워 장어 위에 뿌려주면 요리에 멋을 더해주고 맛도 있어요.

매콤 새우 샐러드

재료 : 새우, 샐러드 채소, 양파, 아스파라거스, 소금, 올리브오일, 고추씨 기름

1. 새우를 고추씨 기름에 구워요.
2. 채소는 좋아하는 것을 골라 그릇에 먼저 깔아주세요.
3. 자색양파와 아스파라거스를 살짝 구워서 새우와 함께 올려주어요.
4. 소금 살짝 뿌린 뒤 올리브오일을 뿌려 먹으면 됩니다.

(곰곰이 밥상 45)

보통 조기는 구워서 먹어요.
하지만 이날 아침에는 예전에 어머니께서 조기를 쪄주던 게 생각이 나서
조기찜을 해봤어요.
돼지고기를 넣고 콩비지찌개도 끓였고요.
매생이전에 새우도 꾹 넣어서 매생이전도 만들어봤습니다.
매생이는 저도 곰곰이 때문에 사기 시작한 식재료예요.
곰곰이 어릴 때 고깃집에 외식을 하러 갔는데 마침 매생이국이 나온 거예요.
처음 본 매생이국을 너무 잘 먹더라고요.
그 이후부터는 매생이가 보이면 사서 국도 끓여주고 전도 부쳐줘요.
새로운 음식에 대한 거부감이 없어서 제가 요리를 배워와서 해주고 싶은
욕심이 나더군요.

Menu • 밥 / 콩비지찌개 / 조기찜 / 오이무침 / 매생이전 / 사과

Recipe • 콩비지찌개

재료 : 돼지고기, 신김치, 콩비지, 쌀뜨물, 새우젓(또는 국간장), 대파, 홍고추

1. 다진 돼지고기를 오일을 두른 냄비에 볶다가 신김치를 쫑쫑 썰어 함께 볶아요.
2. 콩비지와 쌀뜨물을 붓고 끓인 후 새우젓으로 간을 합니다.
3. 대파, 홍고추를 넣어주면 맛있는 콩비지찌개가 완성돼요.

매생이전

재료 : 매생이, 부침가루, 새우

1. 매생이는 소쿠리를 받쳐 한 번 씻어요.
2. 부침가루를 갠 반죽에 넣어 한 숟가락씩 오일을 두른 팬에 부칩니다.
3. 살짝 데친 새우를 고명으로 올려서 함께 구우면 맛도 모양도 예쁜 매생이전이 됩니다.

조기찜

재료 : 조기, 대파

1. 조기는 비늘을 긁고 잘 손질해서 준비해요.
2. 오목한 접시에 담아 김 오른 찜통에 10~15분 정도 쪄요.
3. 대파를 쫑쫑 썰어서 거의 마지막에 고명으로 올려주세요.
4. 접시에 깻잎 한 장 깔고 찐 조기를 올려주면 더 먹음직스러운 조기찜이 완성됩니다.

(곰곰이 밥상 46)

굴이 제철인 요즘 굴과 톳을 넣어서 밥을 지어봤어요.
바다의 우유라고 할 만큼 영양가 많은 굴을 톳과 함께 밥으로 지으니
바다향이 가득한 별미였어요.
계란찜에는 대파를 많이 넣고 쪘어요.
먹을 때 보리새우를 올려서 바삭한 새우와 부드러운 계란찜이 어우러지도록
차려봤더니 또 다른 계란찜이 되었네요.
소고기 장조림과 냉이무침, 꿀에 마리네이드한 토마토 샐러드로
정성껏 차린 밥상이에요.

Menu • 굴 톳 솥밥 / 보리새우 계란찜 / 소고기 장조림 / 냉이 된장무침 /
마리네이드 토마토 샐러드 / 사과

Recipe • 굴 톳 솥밥

재료 : 굴, 톳, 소금

1. 톳 30g을 깨끗이 씻고 굴 7~8알을 소금물에 한번 헹군 후 물기를 빼놓아요.
2. 불린 쌀 1/2C을 냄비에 담고 솥밥을 한 후 뜸들일 때 톳과 굴을 밥 위에 올려줍니다.(솥밥 만드는 방법 63쪽 참고)
3. 톳과 굴에 염분이 있어서 간은 따로 하지 않아도 돼요.

마리네이드 토마토 샐러드

재료 : 토마토, 아래 소스

1. 토마토를 십자로 칼집을 내준 뒤 끓는 물에 살짝만 데쳐요.
2. 데친 토마토 껍질을 까고 찬물에 잠깐 담근 후 물기를 뺍니다.
3. 소스를 부어 버무려주세요.
4. 냉장고에 넣어 차갑게 먹으면 더 맛있어요.

소스 : 올리브오일 2T, 꿀 1T, 레몬즙 조금, 소금 조금

보리새우 계란찜

재료 : 계란, 다시마육수, 소금, 대파, 보리새우

1. 계란 2개를 잘 푼 뒤 다시마육수 1C과 소금 1/4t를 섞어서 체에 걸러요.
2. 뚜껑 있는 그릇에 담고 대파를 쫑쫑 썰어 넣은 후 찜기에 10분 정도 찌고 불을 꺼요.(계란찜 만드는 방법 67쪽 참고)
3. 먹기 직전에 보리새우를 한줌 올립니다.

(곰곰이 밥상 47)

곰곰이는 명란젓을 참 좋아해요.
입맛 없는 아침에도 명란젓 반찬이 있으면 밥을 잘 먹는 곰곰이였지요.
명란젓으로 할 수 있는 좀 더 색다른 요리가 없을까 생각하다가 닭고기에
명란을 발라서 구워봤어요.
영양가는 더하고 감칠맛도 좋아서 샐러드와 곁들이니 훌륭한 메뉴가 되었어요.

Menu • 밥 / 명란 치킨 스테이크 / 팽이버섯 두부 된장국 / 김치

Recipe • 명란 치킨 스테이크

재료 : 닭다리살, 우유, 명란, 밀가루, 빵가루, 파마산 치즈가루, 아래 레몬간장소스

1. 닭다리살을 우유에 30분 정도 재워 잡내를 제거한 뒤 깨끗이 씻어 준비해요.
2. 준비해둔 닭다리살에 물기를 제거한 후 살 쪽에만 껍질을 제거한 명란을 잘 펴서 발라요.
3. 밀가루, 빵가루, 파마산 치즈가루를 1:1:1로 잘 섞어서 닭다리살 앞뒤로 꾹꾹 눌러가며 묻혀요.
4. 팬에 오일을 두르고 구워줘요.
5. 소스를 곁들여 먹으면 더 맛있습니다.

레몬간장소스 : 간장 1T, 레몬즙 1T, 물 1T, 식초 1t, 설탕 1t, 다진 마늘 1/2t, 다진 양파 1T

팽이버섯 두부 된장국

재료 : 멸치육수, 된장, 두부, 대파

1. 멸치육수에 된장을 조금 풀고, 두부와 팽이버섯을 적당한 크기로 썰어 넣고 한소끔 끓여요.
2. 먹기 직전에 파를 송송 썰어 넣습니다.

(곰곰이 밥상 48)

결혼을 하면 하얀 앞치마를 입고 요리하고 쿠키도 굽는 그런 로망이 있었어요.
그래서 신혼 때 문화센터에서 처음 요리라는 것을 배우게 되었지요.
한식수업 첫날 메뉴가 탕평채였어요.
어찌나 막막했던지….
오랜만에 옛 추억을 떠올리며 탕평채를 만들어봤어요.
곰곰이는 처음 먹어 보는 요리였지만 잘 먹어줘서 매우 흐뭇했어요.

Menu • 밥 / 탕평채 / 묵은지 두부지짐 / 퀴노아 호두조림 / 사과

Recipe • **탕평채**

재료 : 청포묵 150g, 소고기 100g, 숙주 100g, 미나리 70g, 표고버섯 2개, 계란 1개, 김가루 조금, 아래 소스

1. 소고기는 채 썰어 불고기 양념에 무쳐 팬에 국물 없이 볶아요.
2. 청포묵도 채 썰어 끓는 물에 살짝 데친 후 찬물에 헹구어 물기를 빼고 소금, 참기름을 조금 넣고 살살 무쳐둡니다.
3. 숙주와 미나리는 각각 끓는 물에 소금을 넣고 살짝 데쳐 건져서 식혀둬요.
4. 표고버섯은 얇게 썰어서 소금 살짝 넣고 팬에 볶아요.
5. 접시에 재료들을 돌려 담고, 계란지단과 김가루를 올려서 소스와 함께 냅니다.

소스 : 간장 3T, 설탕 1T, 식초 1/2t, 참기름 1t

묵은지 두부지짐

재료 : 묵은지1/4쪽, 두부 반 모, 들기름, 멸치육수

1. 묵은지는 양념을 씻어내고 물에 담가둡니다.
2. 두부는 도톰하게 자릅니다.
3. 냄비에 묵은지와 두부, 들기름 1T를 넣어 멸치육수 1/2C을 부은 뒤 약불에서 끓입니다.

곰곰이 밥상 49

여름철 기운이 없는 날 소고기로 체력을 끌어 올리려고
너비아니 구이를 준비했어요.
그냥 먹어도 맛있지만 새송이버섯을 그릴자국 나게 구워서 곁들여주면
더 먹음직스러워요.
감자조림은 흔히 감자를 깍둑썰기해서 만들잖아요?
이날은 감자를 납작하게 썰어서 구운 뒤에 양념에 졸였는데
새로운 식감을 느낄 수 있었어요.
완두콩이 제철일 때는 완두콩밥으로 맛과 영향을 더하면 좋아요.

Menu • 너비아니 새송이버섯 구이 / 양념 감자구이 / 열무김치 / 퀴노아 호두조림

Recipe • 너비아니 새송이버섯 구이

재료 : 소고기(너비아니용 소고기 : 채끝등심 또는 등심), 새송이버섯, 쪽파, 잣가루, 아래 양념장

1. 소고기(400g 정도)를 키친타올에 올려 핏물을 빼주세요.
2. 양념장에 버무려 30분 정도 재웁니다.
3. 준비한 고기를 팬에 겹치지 않게 구워요.
4. 새송이버섯은 세로로 길게 썰어서 그릴 팬에 구워줍니다.
5. 소고기와 새송이버섯을 하나씩 번갈아 담아주고 송송 썬 쪽파와 잣가루를 뿌려요.

양념장 : 양파 즙 3T, 간장 3T, 설탕 1T, 다진 마늘 1/2T, 참기름 1t, 후추 약간

양념 감자구이

재료 : 감자, 아래 양념

1. 감자를 0.5cm 정도로 둥글게 썰어 물에 헹구어 전분을 빼고 물기를 닦아놓아요.
2. 준비한 감자를 오일을 두른 팬에 구워요.
3. 만들어둔 양념과 구워둔 감자를 넣고 살짝만 다시 구워줍니다.

양념 : 고추장 2T, 고춧가루 1T, 진간장 1/2T, 올리고당 1T, 설탕 1/2T, 마늘 1/2t

곰곰이 밥상 50

수능 전날 마지막 아침밥상이에요.
언제 올까 싶었던 수능날이 당장 내일로 다가오니 마음이 싱숭생숭 하지만
곰곰이 앞에서는 애써 태연한 척 했습니다.
해물을 좋아해서 해물 솥밥을 정성 들여 만들고 마음속으로
오늘 하루도 아무 탈 없이 무사히 지나가기를 빌고 또 빌었던 아침밥상이지요.

Menu • 해물 솥밥 / 차돌박이 샐러드 / 미역국 / 땅콩 깨소스 연근무침 / 견과류 멸치볶음 / 사과&블루베리

Recipe • 해물 솥밥

재료 : 쌀, 각종 해물, 간장, 참기름, 다시마, 대파

1. 해물은 전복, 새우, 주꾸미 등 좋아하는 것으로 준비하고, 쌀은 1C 씻어서 30분 불린 후 물기를 빼주세요.
2. 전복은 살과 내장을 분리해주고, 꼬마전복은 통째로 큰 전복은 썰어서 준비합니다.
3. 냄비에 참기름을 두르고 전복 내장과 쌀을 넣고 볶다가 쌀과 동량의 물, 간장 1/2T, 다시마 1장(5×5cm)을 넣고 밥을 짓습니다.(솥밥 만드는 방법 63쪽 참고)
4. 밥물이 보글보글 끓으면 뚜껑을 열고 나머지 해물들을 넣고 약불로 줄여 12분 정도 더 익힌 뒤 5분 정도 뜸을 들여요.
5. 밥이 완성되면 다시마는 꺼내서 썰고, 대파도 썰어서 밥 위에 얹습니다.

차돌박이 샐러드

재료 : 차돌박이, 자색 양파, 양상추, 새순채소, 토마토, 아래 드레싱

1. 토마토를 슬라이스 해서 맨 밑에 깔아요.
2. 자색 양파를 둥글게 썰어서 얼음물에 살짝 담갔다가 물기를 빼서 올리세요.
3. 양상추, 구운 차돌박이, 새순 순으로 올리고 드레싱을 부어줍니다.

드레싱 : 간장 3T, 설탕 2T, 발사믹식초 1T, 올리브오일 2T, 통깨 1T

땅콩 깨소스 연근무침

재료 : 연근, 당근, 오이, 소금, 식초, 아래 땅콩 깨소스

1. 소금과 식초를 넣어 끓인 물에 연근이 투명해질 때까지 데쳐서 찬물로 헹궈 물기를 빼요.
2. 당근이랑 오이는 먹기 좋은 크기로 썰어요.
3. 연근과 당근, 오이를 땅콩 깨소스에 무쳐요.

땅콩 깨소스 : 마요네즈 50g, 땅콩 다진 것 1T, 깨소금 1T, 간장 1/2t, 설탕 1/2t

곰곰이가 쓴 편지

안녕하세요. 곰곰이입니다!
밥상 사진들을 쭉~ 보니까
그동안 참 잘 먹고 살았네요.

평소엔 당연한 듯 받고 살았는데
이따금씩 생각을 해보면 엄마에게 참 고마워요.
특히 시험공부를 하면서 가장 힘이 되었던 게
매일 아침 챙겨먹은 든든한 밥상이었어요.
아침을 잘 먹고 가니 하루 종일 힘이 나는 느낌이었어요.

엄마가 매일 아침 일찍 일어나 요리하는 일이
보통 힘든 게 아니라는 것을 알아요.
그래서 아침은 웬만하면 다 먹고 가려고 했어요.

엄마가 처음 인스타그램 시작한다고 하셨을 때는
사실 별 생각 없었어요.
언젠가부터 팔로워가 몇 백 명, 몇 천 명, 몇 만 명으로
늘어나는 걸 보니 참 신기하더라고요.

엄마는 요리뿐만 아니라 다른 손재주도 매우 뛰어난데
여러 사람들에게 인정받은 것 같아 기분이 좋았습니다.
매일 아침 일찍 일어나서
밥상을 구상하고 요리하고
사진 찍고 편집하는 엄마의 성실함을
많은 분들이 좋아해주신 것 같아요.

엄마는 '저의 엄마'이지만 그 사실을 떠나서도
참 멋있는 사람이라는 생각이 들어요.
이렇게 훌륭한 엄마 그리고 아빠 밑에서 자랐다는 것에
감사하며 살고 있어요.
앞으로도 우리 가족 행복하게 잘 살았으면 좋겠습니다.

마지막으로 끝까지 읽어주신 독자 분들,
좋은 책 만들어주신 출판사 분들 감사하고
엄마 아빠 사랑해요!

엄마, 고3 수험생 시간 동안
저를 항상 믿어준 게 큰 힘이 됐어요.
감사해요!

_아들 곰곰이

수험생을 위한 영양 가득 아침밥상

1판 1쇄 발행 2019년 2월 20일
1판 3쇄 발행 2020년 2월 10일

지은이 노영은
펴낸이 고병욱

기획편집실장 김성수 **기획편집** 이새봄 이미현 한지희
마케팅 이일권 송만석 현나래 김재욱 김은지 이애주 오정민
디자인 공희 진미나 백은주 **외서기획** 이슬
제작 김기창 **관리** 주동은 조재언 **총무** 문준기 노재경 송민진

펴낸곳 청림출판(주) **등록** 제1989-000026호
주소 본사 06048 서울시 강남구 도산대로 38길 11 청림출판(주) (논현동 63)
제2사옥 10881 경기도 파주시 회동길 173 청림아트스페이스 (문발동 518-6)
전화 02)546-4341 **팩스** 02)546-8053
홈페이지 www.chungrim.com **이메일** life@chungrim.com
블로그 blog.naver.com/chungrimlife **페이스북** www.facebook.com/chungrimlife
인스타그램 @chungrimlife

표지/본문 디자인 조성미
Story 사진 김민지

ISBN 979-11-88700-35-6 (13590)

* 청림Life는 청림출판(주)의 논픽션 · 실용도서 전문 브랜드입니다(CIP제어번호: CIP2019003194)

메뉴별 색인

베이스